公共事業が日本を救う

藤井 聡

文春新書

779

公共事業が日本を救う◎目次

はじめに　8

1．「コンクリートから人へ」のウソ　14
本当に日本は「特異な国」なのか？／今や日本の公共事業費は、先進国並み／本当に、「日本の道路は世界トップレベル」なのか？／日本の道路のサービス水準は、高いどころか低い／本当に、「日本の工事費は高い」のか？／「借金まみれなのは、公共事業のせい」は本当か？／暴走する「公共事業・悪玉論」

2．「豊かな街」をつくる　40
まちなかでの豊かな暮らし／「交通の在り方」と「豊かな暮らし」／変わりゆく街の姿／クルマの流入が街の姿を変えた／クルマを閉め出していれば「シャッター街化」を食い止められた／豊かな都市生活を取り戻すために／美しい町並みの実現

3．「橋」が落ちる　61
「ワタルナ、キケン」／「荒廃するアメリカ」／既に始まっている「荒廃する日本」／ぎりぎりで回避された〝大惨事〟／2010年から、本格的な「橋の危機」が訪れる／あと20年で、〝高齢化した橋〟が約半数にもなる／「荒廃」からの脱出を図るアメリカ／かつてのアメリカよりも深刻な日本の現状／最悪の事態を回避するために

4.「日本の港」を守る 84
凋落する日本の港／「日本の貿易」の危機／コンテナの「積み替え」の何が「問題」なのか？／港が小さすぎると、経済が打撃を受ける／港の大型化が立ち後れてしまった理由／地方分権と中央集権についての成熟した議論を

5.「ダム不要論」を問う 102
ダムは不要か？／そもそも、ダムとは？（利水について）／そもそも、ダムとは？（治水について）／八ッ場ダムは必要なのか、無駄なのか？／八ッ場ダムに「利水」の効果はあるのか？／ハリケーン「カトリーナ」の衝撃／東京での水害は「カトリーナ」よりも甚大／首都圏の洪水を防ぐためのダム／八ッ場ダムに治水効果はあるのか？／水害から街を救う

6.日本は道路が足りない 131
「都市の中の交通」と「都市の間の交通」／「渋滞による損失額は年間12兆円」って何だ？／渋滞の解消は、きわめて優先順位の高い国家的課題／「渋滞の苦痛」をオカネに換算すると、12兆円になる／日本の道路の環境は、先進国の中で最低水準／ドライバーは極端な渋滞に悩まされている／「高速道路のネットワーク」はもう要らない

のか／「世界知らず」の日本人／国力に甚大な影響を及ぼす高速道路ネットワーク／凄まじい速度で高速道路をつくる中国／高速道路と都市の力、国の力／「道路」についての、冷静な議論を

7．「巨大地震」に備える　165
地震から「絶対に」逃れられない国、日本／想像を絶する被害をもたらす「首都直下型地震」／いつ起こってもおかしくない東海・南海・東南海地震／日本は、どこも危ない／建物の「耐震化」こそ最善の策／「人」が死ぬことを防ぐ「コンクリート」は不要なのか

8．日本が財政破綻しない理由　180
借金まみれの日本政府に公共事業は無理？／「日本政府は破綻する！」とあおる、ニュース報道／むしろ、財政出動こそが必要である／政府の借金の対GDP比が高いからといって、破綻するわけじゃない／今の日本政府が破綻しない理由／バランスシートを見れば、「通貨危機」は来ないことが分かる／「日本の国が破綻する」なんてことも、考えられない／「緊縮財政」をする必要なんてない／「デフレ経済」の本当の恐ろしさ／なぜ今、「デフレ」なのか？／「デフレ」から抜け出すために／デフレでは、国債を発行しても「金利の上昇」は起こらない／デフレ下での国債発行による公

共投資は、世界の常識／「どうやったら、日本がギリシャみたいになるのか」を考えてみる／「ケインズ」は死んだのか？／「金融政策」では、デフレから抜けられない／公共事業と公共事業以外による景気浮揚策／やはり、公共事業による景気浮揚策が効果的／マクロ経済政策との真の融合を

9．公共事業が、日本を救う 229
行きすぎた「公共事業・不要論」／「もう、公共事業なんて要らない」という説は、嘘である／デフレの時こそ、大規模な公共事業を／日本がもつ「超巨大」な潜在的内需／公共事業が、日本を救う

注 242

あとがき 254

はじめに

平成21年に政権交代を果たした民主党政権の鳩山由紀夫首相は、国会での所信表明演説で、「コンクリートから人へ」という次のような明確な方針を打ち出した。

「これまではつくることを前提に考えられてきたダムや道路、空港や港などの大規模な公共事業について、国民にとって本当に必要なものかどうかを、もう一度見極めることからやり直すという発想に転換いたしました。今後も……（中略）……『コンクリートから人へ』の理念に沿ったかたちで、硬直化した財政構造を転換してまいります」

そしてこの方針の下、平成22年度予算において、（いわゆる〝事業仕分け〟の成果も踏まえつつ）公共事業費を約2割、金額にして約1兆3000億円を削減することが決定された。そして、その後誕生した菅政権においても、削減された公共事業費は、そのままとなっている。

言うまでもなく、こうした方針の背景にあるのは、

「莫大な血税を投入して行われる公共事業の多くは無駄なのだ」

という考えである。事実、テレビや新聞の報道、インターネットや様々な書籍においても、道路やダムがいかに無駄なものであるかを主張する様々な言説があふれていることは、多くの読者もよくご存じのことではないかと思う。

しかし、本当に、日本の「公共事業」は、もう既に不要なのだろうか？

本書は、まさにこの点を、様々な角度から考えてみようとするものである。そして、読み進めていただければご理解いただけるように、本書の結論は、次のような実に単純なものである。

それはつまり、

「空港や港湾、道路をもっと増強しなければ、日本の国力はガタガタとなり、早晩、日本の経済も社会も文化も、今以上に衰退の一途をたどり、二度と立ち直れない国になってしまうだろう。今まさにあるべき公共事業を強力に推進することこそが、日本を救う手だてなのだ」

こんな主張を耳にすれば、多くの国民は次のように感ずるのではなかろうか。

「そんな馬鹿な。今だって、大半の国民が何とか普通に暮らせているのだし、今のままで十分じゃないのか。どうせまた、土建業者が、金儲けをしたくてそんな根も葉もないことを主張してるんだろう？」

確かに、筆者は、〝土木計画学〟という学問を専門とするもので、道路やダム、空港などのインフラや社会資本についての政策論の研究やその教育に従事している。そんな専門の関係もあって、建設や土木の関係の方々とは、政府や自治体の委員会をはじめとして、いろいろとお付き合いがあるのは事実だ。だから、「自分自身が関与している業界を活性化するために、上のような主張をしているのではないか？」と感ずる方がおられたとしても、何も不思議ではないだろうと思っている。

しかし筆者は、大学院で「都市社会工学専攻」にて教鞭を執る身である。それなりの難関試験に合格した学生達に授業で教えたり研究指導をするためには、それなりの専門知識を持ち合わせていなければ、どうにもならない（そうでなければ、学生達をここまで育て上げた親御さん達にも、明治から続く本学の先輩教授の先達にも申し訳が立たない)。

実際のところ、筆者は今まで、自分の専門について真面目に研究をし、教育をすればそれで事足りると考えていた。だから、マスコミ報道や出版などで、少々専門的に不当でナンセンスな議論がなされていたとしても、それに対して何かを公的に発言するのは、自身の仕事ではあるまいと考えていた。むしろ、そういう意見も踏まえながら、日本の公共事業をよりよいものに改善していけばよいと、考えていた。

ところが、「公共事業は不要なのだ」という論調は、徐々に目を覆うようなひどいものになっていった。そして、専門的な見地から考えれば将来の諸地域と日本、ひいては、将来の地域住民と国民にとって必要であろうと考えられる事業が、次々と中止となっていく様子を目の当たりにして、何とも言えない心持ちになっていった。

「政府の方針を批判するのは大変結構。しかし、それが適正な批判でなければ、かえって日本は滅茶苦茶になってしまう——」

それが、長年筆者が抱き続けてきた思いである。そしてそう思い続けているうちに、冒頭で述べたような「コンクリートから人へ」という公共事業そのものを否定するかのようなスローガンを掲げる政権が誕生してしまった。

こんな状況では、大学の研究室のなかで研究ばかり続けていても、どうにもなるまいと思い至った。専門家であるが故に、公共事業がいかなる意味において必要とされているのかを説明することができる。だとしたら、大学の学生だけでなく、一人でも多くの国民に、公共事業にまつわる客観的な「事実」を、いち早く知らせる必要があるのではないか、それができなければ、日本はもう二度と立ち上がれない二流以下の国に没落するのではないか――、そんな危機感を抱き続けてきた。

本書はまさに、こうした認識の下、公共事業の必要性を指し示す様々な事実やデータを、冷静に、客観的に一人でも多くの国民に伝えることを目途として書かれたものである。

もちろん、筆者の主張はさておき、公共事業が必要なのか不要なのか、必要だとするならどういう公共事業を推進していくべきなのかについては、読者各位の判断、ひいては政治判断に委ねるべきものではある。しかし、何も知らぬままにそのような判断をするのではなく、可能な限り客観的な事実に触れていただいた上で、適正に公正にご判断いただきたい――。それが筆者のささやかな願いである。

そして、本書を読み進めていただければ、「公共事業」は何もかもが単なる無駄ではなかったのだ、むしろ閉塞感が蔓延する平成の日本の現状を打開する糸口が、実は「公共事業」にこそあったのだ、と認識される読者が少なからずおられるであろうことを、確信している。

本書がインフラをめぐる適正な議論、ならびに、それを通じた、より適正な公共事業の推進の契機となることを祈念しつつ、まずは、現状の世論で紹介されている「公共事業・不要論」が、いかなる意味で不当でナンセンスなものなのかを振り返るところから、はじめたいと思う。

1.「コンクリートから人へ」のウソ

本当に日本は「特異な国」なのか？

毎年、「公共事業」には何兆円も、何十兆円も費やされている。そして、ほとんど利用されていない道路や、効果もほとんど期待できない一方で環境を破壊するだけのダムなど、無駄としか言いようのないコンクリートのかたまりが次々につくられてきている――、一般のテレビや新聞、雑誌、書籍などでは、しばしばこうした論調を目にする。

こうした批判を目にするたび、「確かに、現在の公共事業にそういう問題がある」と感ずることがしばしばあった。無駄と言われても仕方のないような公共事業、工夫をすればもっと効率的にできたに違いない公共事業、関係者の間でもっと事前にきちんと調整していればもっと効果的に進められたであろう公共事業などがいくらでもあったことは、筆者も実際に見聞きしている。「予算消化」のために推進された公共事業も皆無であったとは考え難いし、行き過ぎた金儲け主義に毒された公共事業や選挙対策の色合いの濃い公共事業もまた、たくさんあったことも事実であると思う。

だから、そうした事例をマスコミ等で目にするたびに、「確かにその通り」と感ずることも少なくはなかった。

そもそも筆者は、これからの公共事業においては、単なる経済的合理性を追求するのではなく、かつ単なるコンクリートのハコモノをつくるだけではなく、文化や風土を大切にすることが重要であること、そのためにも地域、ひいては国全体の活力の増進をより明確に意識し、国民とコミュニケーションをさらに図っていくことが重要である、という持論の下、政府の公共事業を批判的に眺めることも少なくなかった。

しかし、そんな筆者から見ても、マスコミや書籍の主張の中には、明らかな行き過ぎ、いわば〝暴走〟が含まれていると感ずることは、日常茶飯事であった。

もちろん、公共事業に対して、様々な「意見」が表明されること、それ自体は結構なことである。しかし、その意見の根拠となる「事実」に「誤認」が含まれていたとするなら、見過ごすわけにはいかないだろう。

例えば、公共事業を批判的に報道するような論調の中で、しばしば、

「日本の公共事業費が、異様に高い」

というデータを見聞きすることがある。

図1　過去に出版された書籍で紹介されている「国民経済に占める一般政府固定資本形成（対GDP比）」

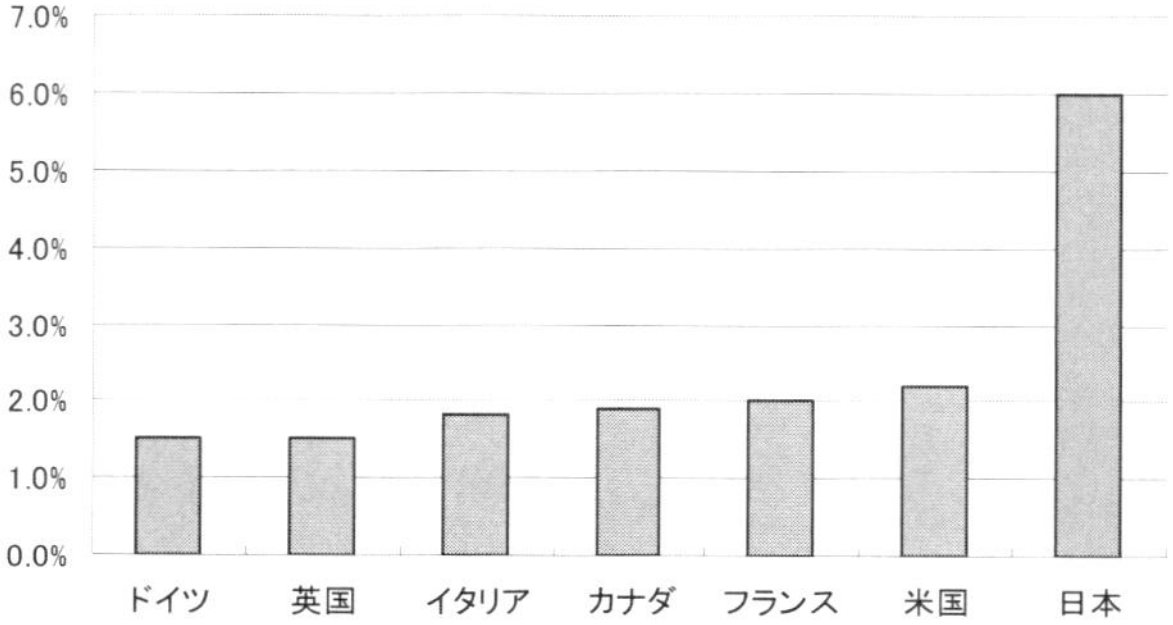

※外国は『ナショナル・アカウンツ』2007年版、日本は『国民経済計算』平成16年度から算出。

図2　『ナショナル・アカウンツ』2007年版に報告されている2005年の数値を用いて求めたグラフ

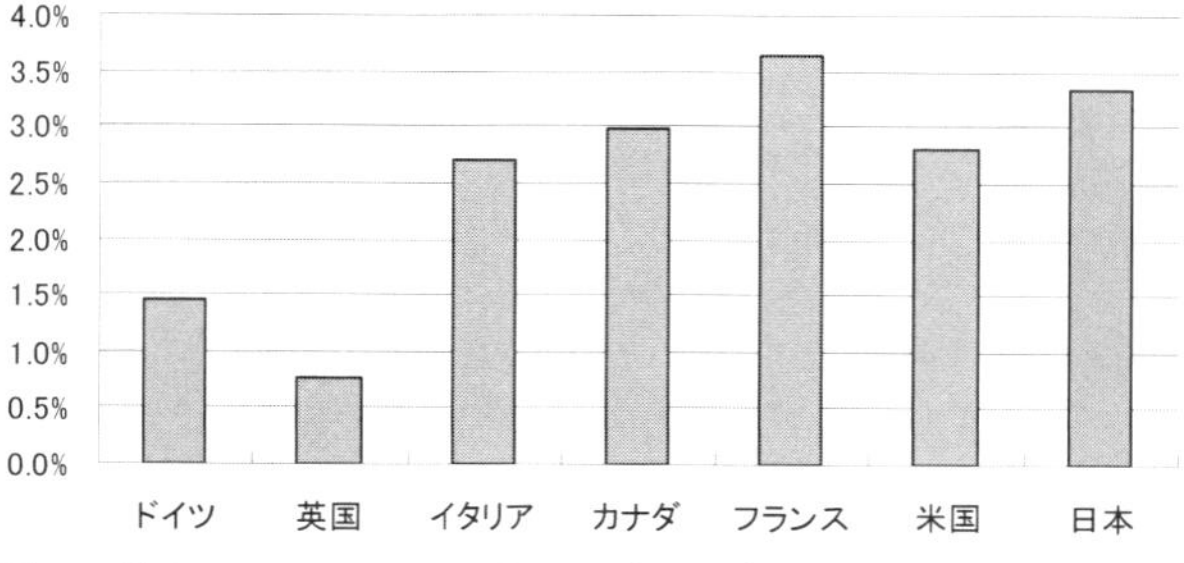

図3　『ナショナル・アカウンツ』2007年版に報告されている2006年の数値を用いて求めたグラフ（含む韓国）

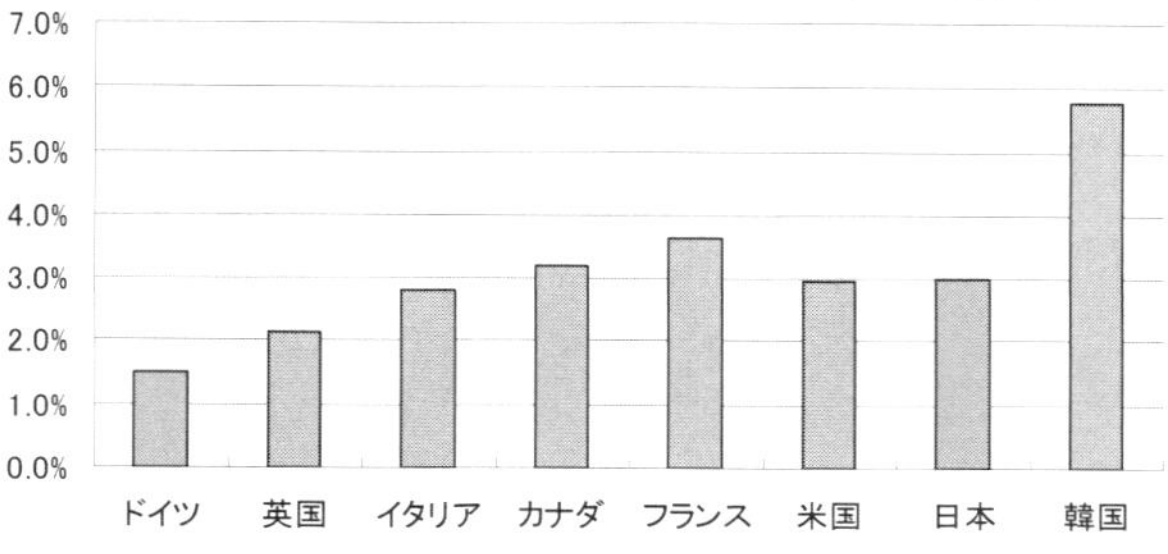

図1をご覧いただきたい。

この図は『道路をどうするか』という2008年の暮れに出版された書籍[*1]で紹介されているグラフである。このグラフは、「道路、日本危機の元凶」という章の「特異な国、日本」という節に紹介されているものである。確かに、このグラフを見ると、公共事業費（一般政府固定資本形成）が先進諸国の中で「異常に高い」（P108）。そして著者らはそれを踏まえて、日本の公共事業を大幅に見直すべきだという論を展開していく。

しかし、こういうデータを仕事柄目にする機会が多い筆者がこのグラフをはじめて見たとき、どうも気になる点があった。少々細かい点だが、今後の公共事業の在り方を考える上で大切な論点になり得るので、少しお付き合い願いたい。

今や日本の公共事業費は、先進国並み

そもそも、このグラフの注に記載されているように、諸外国は『ナショナル・アカウンツ』という OECD（経済協力開発機構）の統計からデータを引用している一方で、日本だけが『国民経済計算』という国内の発表資料を用いているという点が、まず気になった。日本はOECDの加盟国なのだから、著者らが引用しているOECDの『ナショナル・アカウンツ』には、当然、日本の統計値も掲載されているはずである。とはいえ、両者は基本的に同じ数値で

あるので、それはそれで構わないと言えば構わないのだが、諸外国は「２００７年」の資料を利用している一方で、日本だけが「２００４年度」（平成16年度）の資料を用いているという点だけは、どうも腑に落ちなかった。

なぜ、どういう意図があって、日本だけ古いデータを用いて、諸外国は最新のデータを使ったのだろう？

こうした疑問を抱いた筆者は、著者らが引用しているＯＥＣＤの『ナショナル・アカウンツ』に立ち戻って改めてグラフをつくってみた。

それが、**図2**である。

見比べていただきたい。明らかに受ける印象が異なることがお分かりいただけよう。日本の公共事業費は、先進諸外国の中でも突出して高いというわけではない。むしろ、フランスの方が高いくらいだ。

ちなみに、ＯＥＣＤには、我々の隣国、韓国も加盟しており、かつ、現時点では翌年の統計値も入手できるので、最新の統計値を用いて、韓国も含めたグラフを書いてみた。それが**図3**である。

もうお分かりいただけよう。

客観的なデータで見る限り、少なくともここ数年の日本は、公共事業費が「異常に高い」

ならないだろう。[*2]
「特異な国」でも何でもないのである。強いて言うなら、韓国こそが「特異な国」と言わねば

この事実は、日本の公共事業の在り方を考える上で、重大な意味を持つ。

なぜなら、著者らが主張するように、「日本は先進諸国の中でＧＤＰ（国内総生産）に占める公共事業費が異常に高いことを指摘したが、それが公共事業の見直し論の引き金の一つになった」（Ｐ１０８）からである。そうだとするなら、その認識そのものが、少なくとも２００５年時点において既に妥当していないのだから、「公共事業の見直し論を続けていく必然性」、つまり「コンクリートから人へ」と叫ぶ必要性は、今日においてはほとんどない、ということになるのではなかろうか。

本当に、「日本の道路は世界トップレベル」なのか？

さて、公共事業の見直しの議論の中でも、近年取り上げられることが多いのが、「道路」である。実際、様々な公共事業の中でも、道路事業が占める割合が最も高く、例年、約３割程度の公共事業費が道路に投入されている。

そうした道路事業に対する批判として、しばしば、

「日本の道路整備のレベルは極めて高い。だからもうこれ以上、道路なんて要らない。道路

図4　既往文献で紹介されている「主要国との道路密度比較」（可住地面積あたり）

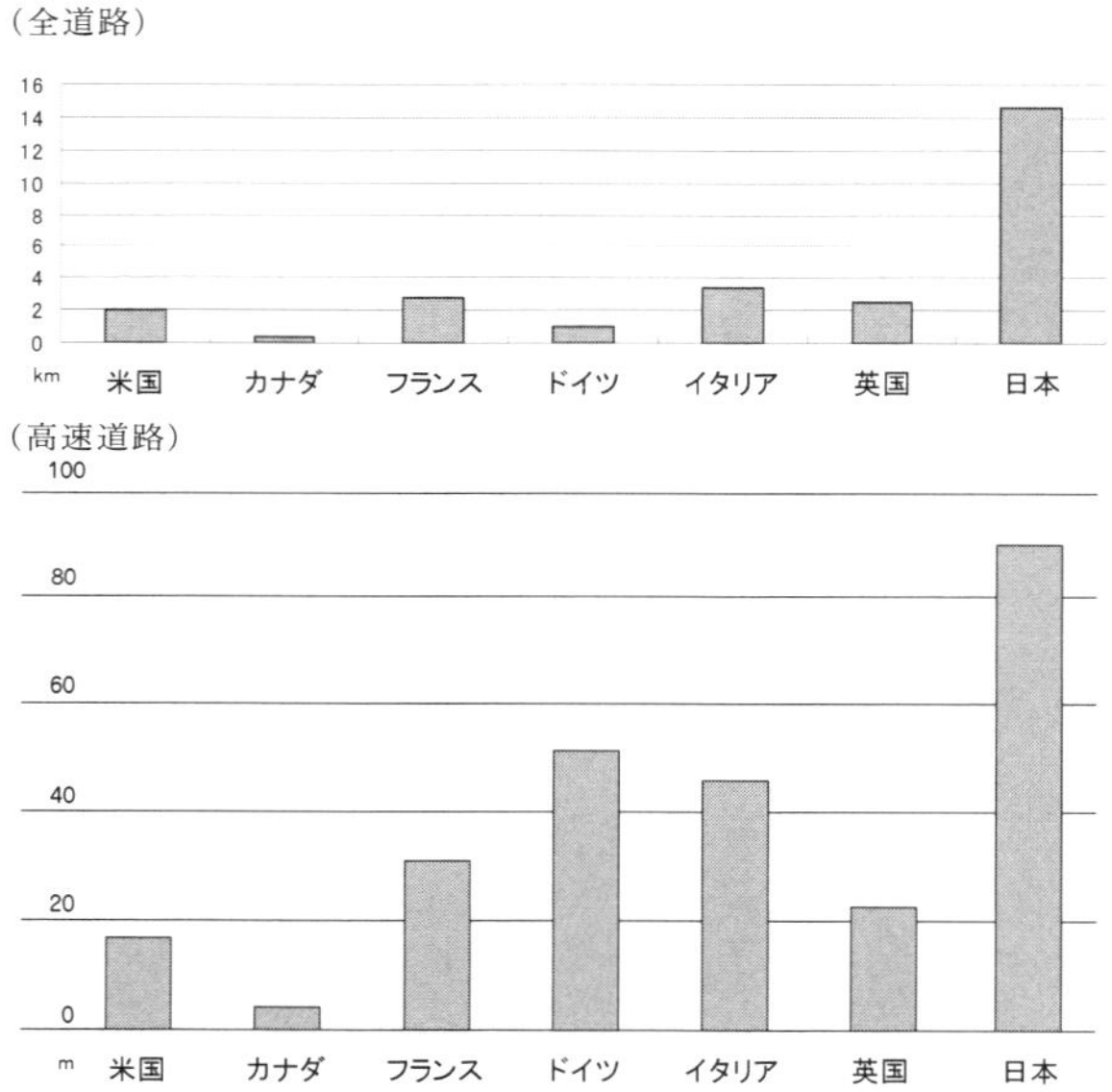

※「週刊ダイヤモンド」(2009/12/12) のP47のグラフ数値より、筆者が再加工

事業は縮小すべきだ」という主旨の論調を見聞きすることがある。

例えば、「週刊ダイヤモンド」2009年12月12日号の「建設ありきでどこまでも続く公共事業の王様の〝暴走〟」という記事には、**図4**のようなグラフが紹介されている。ご覧のように、先進国中、日本だけが突出して高い水準にあることが分かる。

高速道路においては各国の2倍以上、すべての道路においては7～8倍以上もの高水準にあることがわかる。そして、この記事では、「すでに日本は世界トップレベルの水準にある」と述べられ、もう道路建設事業は止めるべきなのだという論旨が展開される。

実はこのグラフは、このダイヤモンドの記事だけで紹介されているものではなく、様々な書籍でも紹介されている、ある意味〝有名〟なグラフなのである。

例えば、先に引用した『道路をどうするか』（２００８年）においても（Ｐ65）、また、『道路整備事業の大罪』という２００９年に出版された書籍[*3]においても（Ｐ17）、同様のグラフが用いられている。

しかし、著者がはじめてこのグラフを目にした時、ある種の違和感を感じた。なぜなら、道路のサービスレベルを論ずる時に、「可住地面積あたり」での密度が論じられているからである。

この「可住地面積」という言葉であるが、これは、人々が住むことができない森林や湿地を除いた、人間が住むことができる地域の面積を意味する言葉である。しかしおそらくは、多くの一般の読者にとって、あまり耳にする言葉ではないだろうと思う。

そもそも「可住地面積」を用いるのは、例えば、人口や都市公園の数など、「可住地にしかないもの」を評価する場合であることが一般的である。

ところが、道路は山間地を走ることもあればトンネルも橋もある。つまり道路は、可住地のみにつくられる居住地や都市公園とは異なり、可住地と可住地とを結ぶ「非可住地」にもつくられるものである。

だから道路のサービスレベルを論ずる時に、可住地面積を用いないのが一般的なのである。それにもかかわらず「可住地面積あたりの道路密度」が、道路のサービスレベルの評価に用いられている点に、違和感を感じざるを得なかったのである。

そもそも、日本の可住地面積は、ヨーロッパの国々に比べて格段に少ない。考えてみれば当たり前だが、日本はヨーロッパと異なり、森林に覆われた山が多くて平地が少ない。したがって、可住地の割合は、ヨーロッパ諸国で7、8割もある一方で、日本は3割にも満たない。そうである以上、日本の「可住地面積あたり」の道路延長は、必然的に高いものとなる（割り算をするときに、「分母」が小さければ、その数自体が大きくなるのは当たり前だ）。

可住地面積あたりで道路の長さを議論することのナンセンスさは、例えば、**図5**を見ると、より直感的に分かりやすい（この図は、「可住地面積あたりの道路延長」（大石久和著）という記事に掲載されたものである）。

2つの国、AとBを考えよう。両国は基本的に国土の広さも都市の数も、そして、都市人口も同じであるものの、可住地面積だけが違うものと考えよう。この時、各都市の間に道路がつくられているのだが、どちらの方が、道路のサービスレベルが高いのかについては判断し難い。

図５　可住地面積が大きい場合と小さい場合の比較

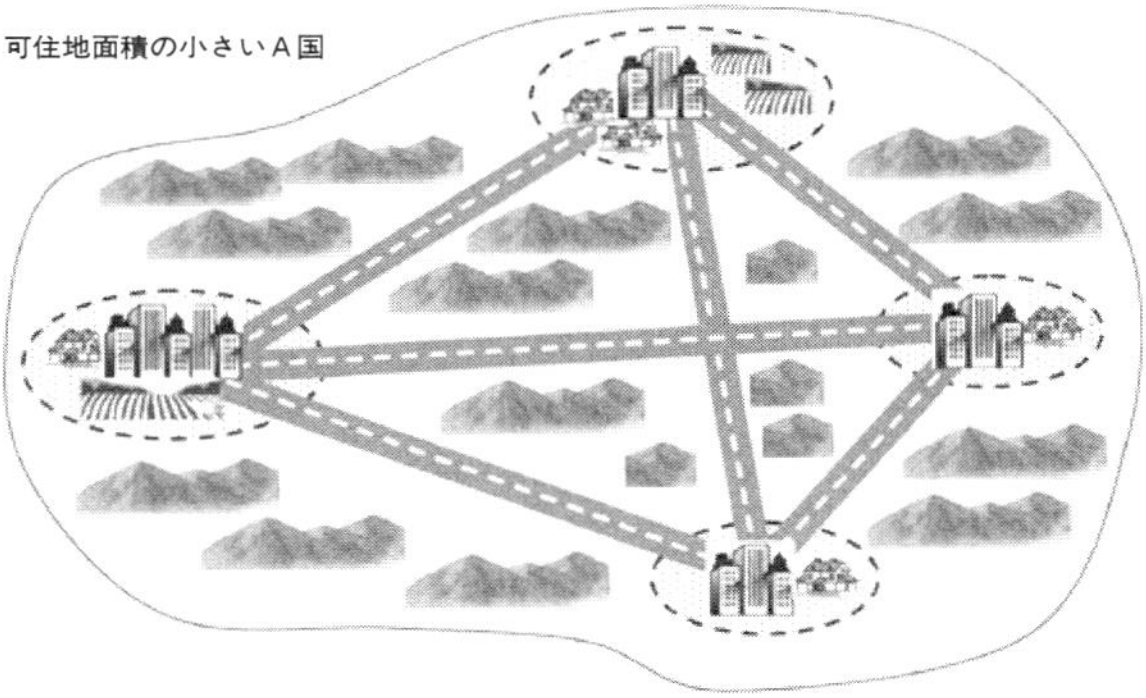

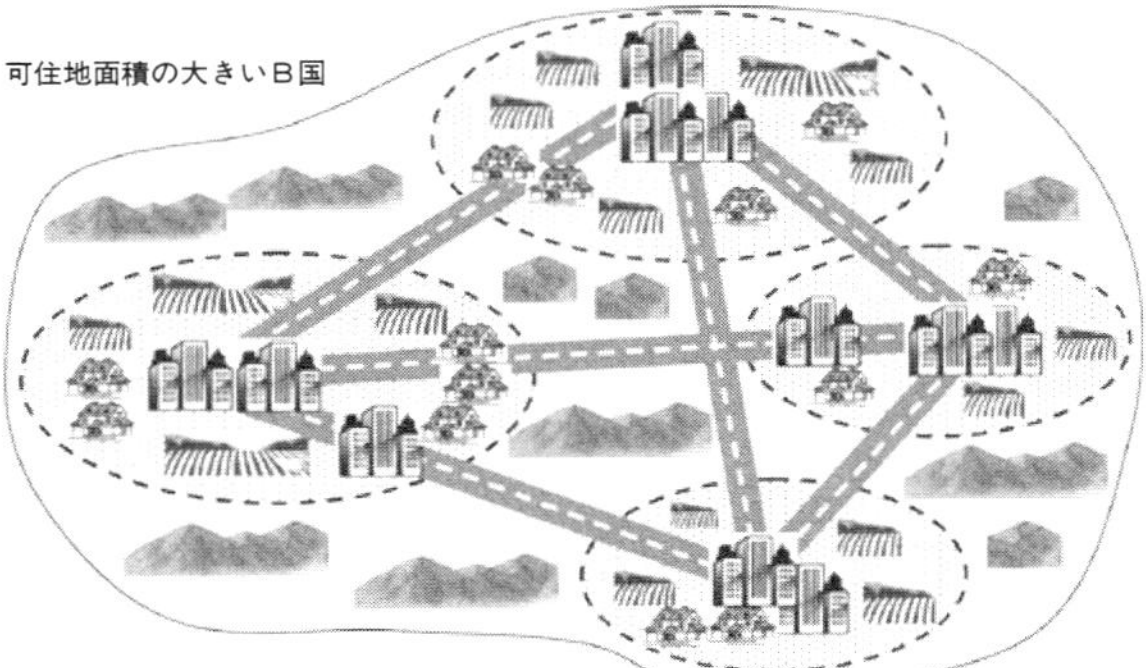

※大石久和「可住地面積あたりの道路延長」（CE/建設業界）2009年９月号より

ところが「可住地面積あたりの道路延長」を採ると、国Aの可住地面積は小さいから、国Aの方が圧倒的に高い水準となってしまう。実質的にはサービスレベルの差異はほとんど考えられないのに、「可住地面積あたりの道路延長」で比較すると圧倒的な差がついてしまう。

つまり、可住地のみにつくられるのでなく、可住地と可住地を「結ぶ」ものとしての道路のサービス水準を、「可住地面積あたり」という尺度で比較しようとすること自体が「ナンセンス」なのである。

しかし、この「ナンセンス」な基準によって、日本が「世界に冠たる道路王国」であると主張されたり、「(日本が) 道路後進国なんて大ウソだ」等と主張され、「道路事業をこれ以上続けるなんて、無意味なのだ、道路建設を止めるべきなのだ」という論が展開されるのである。さらには、「そんな無意味な道路建設が止められないのは、道路事業で甘い汁を吸っている業者や政治家、官僚達が、自分の利権を守りたいからに違いないのだ」という論へとつなげられていくのである。

しかし、こうした道路事業批判が拠り所としている「日本の道路は世界トップクラス」という主張を導き出す**図4**そのものが「ナンセンス」なものなのである。[*4]

つまり、道路事業批判の中でもとりわけ「日本の道路が世界トップクラス」という主張に基づくものについては、論理的に破綻しているのではないかという疑念が、現実的に考えられるのである。

日本の道路のサービス水準は、高いどころか低い

もちろん、もしも他の基準などを使うと、日本の道路のサービス水準がやはり世界トップクラスなのだ、ということが明らかにされるなら、先に紹介したような「道路事業批判の論理」は、それなりに正しいと言えるだろう。

ところが、日本の道路のサービス水準は、世界トップクラスでも何でもない。詳しくは、第6章で論ずるが、ここでは一つだけデータを紹介することとしよう。

そもそも、「道路のサービス水準」を考えるにあたっては、その延長だけを考えていても仕方がない。例えば、クルマがあまりないような国には道路はさして要らないだろうし（例えば、江戸時代に自動車道は要らなかった）、クルマがたくさんある国なら道路が必要となる、というのが道理であろう。

だから道路のサービス水準を比較する際には、「クルマの保有台数あたりの道路延長」という指標を用いることが多い。

図6をご覧いただきたい。

ご覧のように、日本の保有自動車1万台あたりの道路の長さは、先進国の中で非常に低い水

図6　保有台数1万台あたりの道路延長

（高速道路）

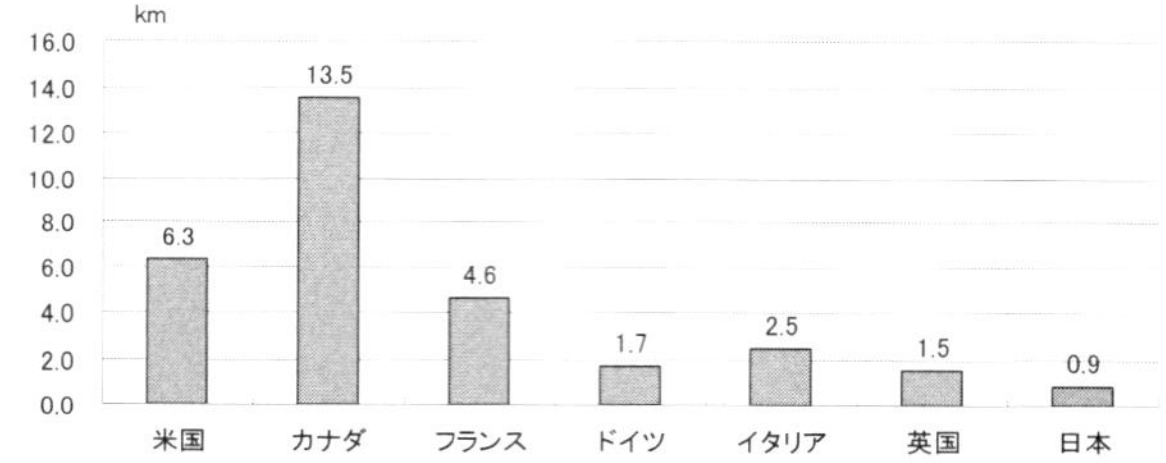

（全道路）

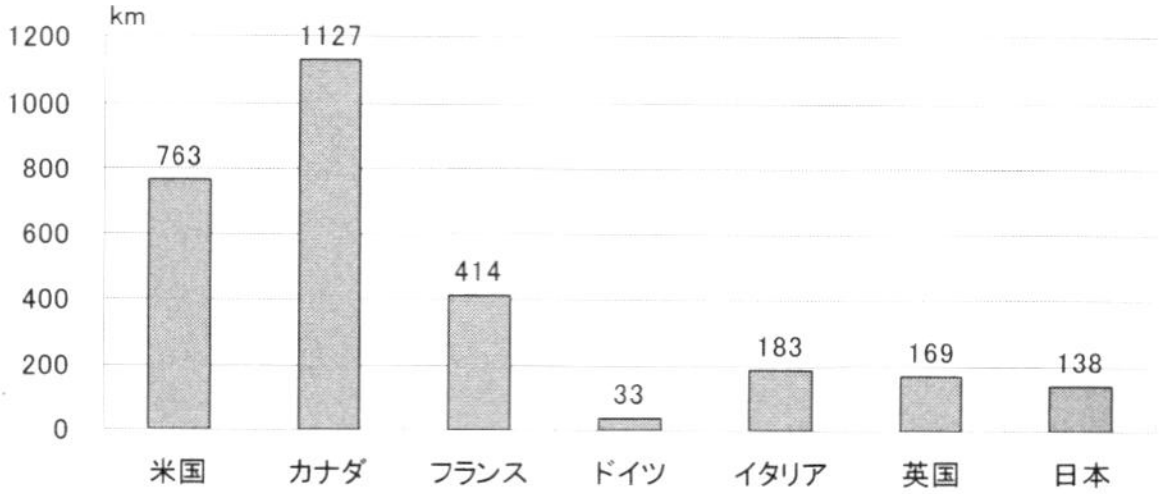

※道路延長のデータは『道路をどうするか』での報告値、自動車保有台数は（財）自動車産業振興協会の「自動車統計要覧」（2009年９月）の数値を用いて算出。

準にあるのである。このグラフからは、カナダや米国のドライバーは、非常にゆったりと道路を使っている様子が分かる。その一方で、日本やドイツなどのドライバーは、あまりゆったりと道路を使えていない様子が見て取れる。*5 とりわけ高速道路については、このグラフの中で日本は最下位である。

　むろん、この図で日本が最下位だから、と

いう理由で、「だから道路をこれからも、無条件につくり続けるべきなのだ」と即断できないのは当然であろう。あるべき道路のサービス水準は、様々な側面を勘案しながら、総合的に判断していかなければならないからだ。

しかし、次の点だけは、明確に主張することができる。

それはつまり、日本は、先に紹介した雑誌や書籍で主張されているような「世界トップレベルの道路を持つ国」でも「道路王国」でも何でもない、という点である。

そういう主張は、上に詳しく述べたように、「可住地面積あたり」という、ナンセンスと言わざるを得ない方法で求められたグラフに基づいて創出された誤った認識でしかなかったのである。

そして「日本の道路事業は、もう止めるべきなのだ」「それにもかかわらず道路がつくり続けられているのは、関係者が甘い汁を吸いたいからなのだ」という主張はいずれも、とりたてて根拠のないものにしか過ぎなかったという疑念が浮かびあがるのである。

本当に、「日本の工事費は高い」のか？

さて、公共事業批判においてしばしば目にするのが、

「日本の公共事業は、割高だ」

という批判である。そして、そうした議論は、

「それは、関係者が甘い汁を吸う利権構造があるからだ」

という主張へと結びつくこともしばしばである。

事実、例えば、『道路の経済学』[*6]では、「圏央道」という首都圏の環状道路（4車線）の建設費が1キロあたりで174億円である一方で、イギリスのロンドンの環状道路（6車線）の建設費は1キロあたり12・8億円であることを指摘している。つまり、両者の間には、「13・6倍」の差があるわけである。

ここで興味深いことに、この本の著者はさらに、「1車線あたり」の建設費用を求めている。そして、両者の間に「20倍」の違いがあることを強調する。その上で、「海外に比べて六倍から二〇倍も高い建設費の背景には、よく言われることですが、公共事業から甘い汁を吸おうとする業者たちの姿勢があります」（P106）と述べられている。

しかし、「1車線あたりの建設費」で比較するのは、必ずしも適正な比較とは言い難い。なぜなら、（少々ややこしくて恐縮であるが）例えば、4車線と2車線との建設費の差は、2車線をつくるための建設費よりもずっと小さいからである。車線数にかかわらず、共通する初期費用があるからである。

とはいえ、それを踏まえてもなお、15倍程度の開きがあることは間違いない。

では、その違いは、何から生まれているのだろうか？　やはり、日本の建設業者は、不当に大きな利益を上げているのだろうか？

残念ながら、この点については、施工の専門家ではない筆者は、自分自身で確認する術《すべ》を持たない。ついてはこの点に関してはオリジナルのデータではなく、政府発行のレポート*7を参照してみよう。このレポートは、日米の高速道路の建設コストを比較するものである。少々ややこしい議論になるので、その議論の詳細は本書巻末の注*8に示すが、要するに、日本で道路建設費が高いのは、「建設業者が不当に金儲けをしているから」、というよりは、「土地の買収費用が高く、トンネルや橋が多く、かつ、地震の対策をしなければならないから」ということが理由であるらしい。つまり、もしも日米で同じ条件で道路をつくれば、建設費にほとんど差はなくなる、というのである。

このことはつまり、先に述べた圏央道とロンドンの環状線との大幅な建設費の違いの理由の全てが、「公共事業から甘い汁を吸おうとする業者たちの姿勢」に求められるとは到底考えられない、ということを意味している。首都圏の土地代は高額だろうし、耐震構造にもそれなりのコストがかかっているだろうし、何より、「トンネル」や「橋」が圏央道では圧倒的に多いであろうからである。

「借金まみれなのは、公共事業のせい」は本当か？

さて、以上、公共事業関係費や道路の建設費やサービス水準について、しばしば展開されている批判を見てきたが、それらに加えてしばしば見られるもう一つの主要な議論が、

「日本は、公共事業のせいで借金まみれの国になったのだ」

というものである。

例えば、先に引用した『道路の経済学』では、「道路建設のために膨らみ続ける借金」という節にて、「社会資本の整備には、いうまでもなく国家予算・地方自治体の予算が使われます。が、実態ではそのほとんどが『借金』です」と述べた上で、「（２００４年には）建設・特例国債三六兆六〇〇〇億円を発行」していると指摘されている（P22）。

この箇所を何気なしに読めば、この36兆円を超える国債の全て、あるいは、その大半が公共事業のせいであるかのような印象を受けるのではないかと思う。

しかし、筆者は、この年次の国債発行額に占める公共事業費の割合が低い水準でしかないことを知っていたので、改めて２００４年の国債発行額を確認してみた。

図7をご覧いただきたい。

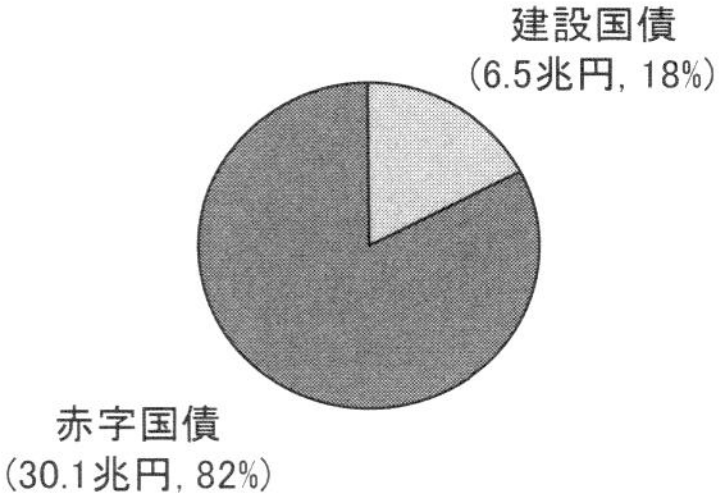

図 7　平成16年度（2004年度）の建設国債と赤字国債の割合

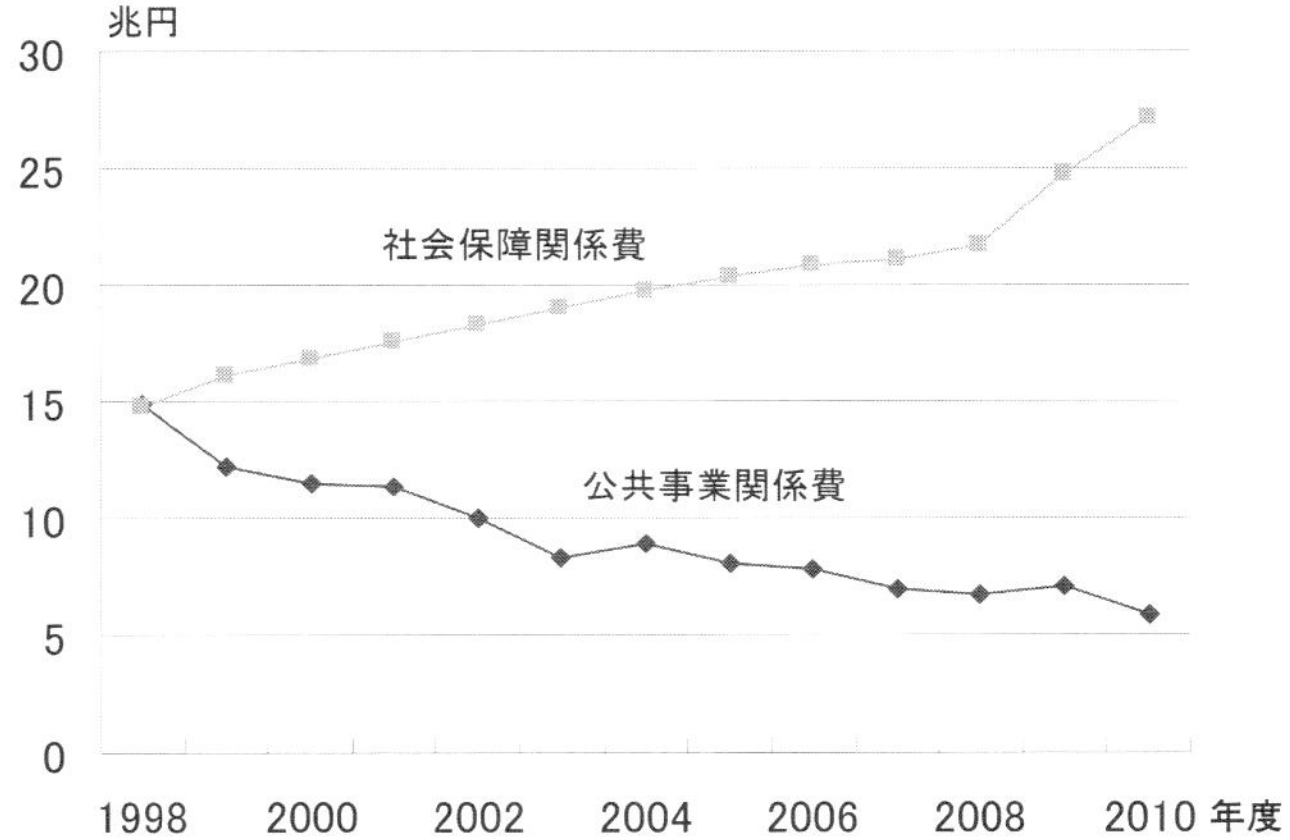

図 8　国家予算における社会保障関係費と公共事業関係費の推移

これは、上記の著者が述べている2004年に発行された国債の内訳である。実は国債には、公共事業費にあてられる「建設国債」と、社会保障費等の公共事業以外の事業に用いられる「特例国債（あるいは、赤字国債）」の2種類がある。この**図7**は、その内訳を示しているのであるが、ご覧の通り建設国債は2割以下の水準でしかないのである。つまり、少なくとも2004年時点では、国債が膨張する主要因は公共事業ではなかったのである。

筆者は、こうした国債の種類の違いや、2004年当時のその内訳を理解していたから、上記の記述に対して違和感を持ったのであるが、一般の読者ならそれに気付くとは限らないだろう。そして、国債のほとんどが公共事業のせいで膨らんでいるのだ、という誤った印象を持つのではないかと想像する。

あるいは、先に引用した『道路をどうするか』の中でも、類似の議論が展開されている。そこでは、「日本の公共事業費が異様に高いのだ」という（先に本書でその問題を指摘した）主張を行った直後に、

「国の借金にあたる公債残高は膨張を続けて、財務省によると、二〇〇八年度末には五五三兆円に達し、……国民一人当たり約四三三万円の借金をしていることになる」

と述べられている。

つまり、無駄な公共事業こそが、昨今の「財政悪化」の原因なのであり、赤ちゃんも含めて

一人当たり400万円以上もの膨大な借金を国が負うことになったのだ、という印象を持たざるを得ないような指摘をしているのである（なお、〝国の借金〟をめぐるマスコミを中心とした議論には、マクロ経済学的に様々な誤解があるのだが、その点については第8章で詳しく述べる）。

このように言われると、いち早く公共事業を止めなければ――、と思うのが人情というものだと思う。そして確かに、これらの書籍が出版される10年ほど前の1990年代には、景気対策という主旨にて政府は大規模な公共投資を行い、そのための建設国債を大量に発行していたのは事実である。

しかし、こうした議論は、ここ数年においては既に説得力のないものとなっている。

例えば、先に**図7**で示したように、「コンクリートから人へ」の方針が打ち出される以前の自民党政権時代の国債発行額を見ると、公共事業に投入される国債の発行額が非常に低い水準となっているのである。

この背景には、過去10年間の公共事業費の大きな削減と、社会保障費の大幅な増強がある。

図8をご覧いただきたい。

この図は、1998年から2010年までの国家予算における、医療や介護などの「社会保障関係費」と、道路やダムなどの建設のための「公共事業関係費」の推移を示したものである。

上述のように、1998年時点では、公共事業関係費は確かに、今よりも高い水準であったことが分かる。

ところが、それ以降、社会保障関係費は、うなぎ上りに上昇していく。その一方で、公共事業関係費は、減少の一途を辿っている。

この背景に、高齢化社会への対応という政府の基本方針と、公共事業に対する国民世論の批判があったことは間違いないだろう。例えば、先に引用した公共事業批判の書籍が出版された2008年においては、社会保障関係費の21・7兆円に対し、公共事業関係費は6・7兆円と、3分の1以下程度になっている。さらには、「コンクリートから人へ」をスローガンとする民主党政権が初めて組んだ2010年の予算においては、27・3兆円の社会保障関係費に対し、公共事業関係費は5・8兆円と、おおよそ2割程度の水準にまで落ち込んでいる。

こうしたデータは、次のような3つの重要な事実を示唆している。

第一に、21世紀を迎えてから10年来、膨張してきた「国の借金」は、公共事業が原因なのではなく「社会保障関係費」こそが原因なのだという「事実」である。つまり、上に指摘したような最近の書籍においてなされている「公共事業によって、国の借金がふくれあがっていくのだ」という主張は、現在では妥当していないのである。

第二に、今や公共事業関係費は、ピーク時の4割以下、社会保障関係費の2割程度という水準の5・8兆円にまで落ち込んでいる、という事実である。もちろん、「5・8兆円」という金額は、一般の庶民にとって見れば想像を絶する莫大なお金であることは間違いない。しかし、国家予算というスケールで考えるなら、この数値は、過去2年間の社会保障関係費の増額幅程度にしか過ぎない。2008年度から2010年度にかけての2年間の社会保障関係費の上昇額は、実に5・6兆円なのである。

第三に、これらの事実はさらに次のようなことを意味している。つまり、「コンクリートから人へ」のスローガンの下、「事業仕分け」等を通じて公共事業関係費をいくら絞ったところで、そこからはさして大きな「財源」は確保できそうにない、ということである。それくらいにまで、公共事業関係費は大幅に削減されてきているのであり、「借金の主な原因」などにはなり得ない存在となっているのである。

暴走する「公共事業・悪玉論」

以上、「公共事業」に対する様々な批判の中でも、必ずしも正当化し難いものを一つずつ見てきた。

日本の公共事業費が高いという批判に対しては、必ずしもそういうわけではないということを、日本の道路サービス水準は世界のトップクラスなのだから道路事業を推進し続けるのはナンセンスなのだという批判に対しては、日本の道路のサービス水準はむしろ低いという点を、それぞれ指摘した。

そして日本の道路の建設費は「不当に」高いのではないかという批判に対しては、日本の建設費の高さには、それなりに「正当な」理由があるという点を指摘した。

さらには、日本の政府が膨大な借金を抱えているのは、公共事業のせいなのだ、という批判に対しては、政府の借金の主たる原因は公共事業費なのではなく、社会保障関係費の増加にあるのだという点を指摘した。

以上のような議論については、これからまだまだ詳細に検討を重ねていくことが必要なものも含まれていると思うし、ここでは取り上げていない論点があることも確かである。しかしそれでもなお、近年見られる「公共事業・不要論」が必ずしも正当なものなのだとは言えないことだけは、おそらくはご理解いただけたのではないだろうか。

それにもかかわらず、なぜ、必ずしも正当化し難いような「公共事業・不要論」が繰り返し喧伝されるのであろうか。さらには、次のような「公共事業・悪玉論」が後を絶たないのはなぜなのだろう。

「『コンクリートから人へ』という民主党のキャッチフレーズは人びとの心をつかんだ。いまや『悪』と見なされた公共事業は、切り捨ての対象だ――」

これは、先に引用した、「週刊ダイヤモンド」の「ゼネコン消滅列島」という記事の冒頭に記載されている見出し文である。

こうした風潮の原因を考える一つの糸口として、森田実氏の『公共事業必要論』[*9]の一節を引用してみよう。

「土建業者を少しでも擁護する言論人をマスコミ、ミニコミは徹底的に排除する。いったん『土建業者すべてが腐敗しているわけではない』と発言したとたん、土建業界、自民党族議員、国交省の『手先』と位置づけられてしまう。マスコミ、ミニコミはおそろしいほど偏見に満ちた世界なのである。今回、私自身を実験台に置いてみたが、予想どおりきびしい体験をした。いまもしている。もちろん公平で真面目な人がマスコミ内部にまったくいないわけではない。しかしそのような人は表舞台では活躍できないのが現状である」（P78）

もし、この森田氏の記述が正しいのなら、以上のようなマスコミ報道や、必ずしも正当化し難い様々なデータの氾濫は、「公共事業・不要論」（あるいは悪玉論）が「暴走」していることの結果なのだ、ということができるのではなかろうか。

つまり、公共事業を「悪」と見なす言説やデータは、十分な慎重さもないままに、ほとんどフリーパスでマスコミや書籍で紹介される。そして、それらが紹介されればされるほど、公共事業を悪と見なす「風潮」が強化される。そうなるとますます、公共事業を悪と見なす言説やデータを公言しやすくなる。一方で、そういう「風潮」に反対するような言論はますます発言しづらくなっていく。その結果、公共事業を悪と見なす「風潮」が、ますます強化されていく──。

このようにして、「公共事業・悪玉論」がより強固に形成され、「暴走」していくこととなるのである。そして、森田氏のように公共事業を肯定する論者は「きびしい体験」をせざるを得なくなっていく一方で、公共事業を悪玉と見なす論者は、ほとんど何の抵抗もなく自由に発言していくことができるようになるのである。

そして今や、その「風潮」、ならびに、そこで提示された様々な（必ずしも正当化できるとは言い難い）データや議論をバックに、「コンクリートから人へ」というスローガンを政策方針の目玉として掲げるような政党が、日本国の政権をとるにまで至ったのである。

こう考えれば、「コンクリートから人へ」というスローガンは、公共事業「不要論」あるいは「悪玉論」が、具体的な一つの形に結晶化したものだ、と言うこともできるであろう。

もし、この「不要論」あるいは「悪玉論」が、客観的に「正しい」論理であるのなら、それはそれで大変結構なことである。公共事業を取りやめて、その財源を、例えば、子ども手当などを含む社会保障費に回せばよい。

しかし、残念ながら、というべきか、公共事業は不要でも何でもないのである。それは必要とされているばかりか、それこそが、日本を様々な危機から救い出すために「不可欠」なものですらあるのである。

そうである以上、「公共事業・不要論」の暴走を、これ以上見過ごすわけにはいかない。その客観的な論拠のいくつかは、既に本章で見た。しかし、これだけの論拠では、まだまだ納得できない読者もおられるかもしれない。

ついてはそうした読者のためにも、これからの章では、具体的に一つずつ、どういう公共事業が求められているのかについて、じっくりと考えていくこととしたい。

2.「豊かな街」をつくる

まちなかでの豊かな暮らし

具体的な一つ一つの公共事業の問題を考えていくにあたり、その皮切りとして、道路や公園、鉄道などの、社会の「インフラ」の大切さをしみじみと感じた、個人的な経験をお話しするところからはじめたい。

スウェーデン第2の都市、人口約45万のイエテボリという街に1年間留学した時のことである。

イエテボリといえば、日本では知っている人の方が少ないようなマイナーな街ではないかと思う。実際、筆者が1年間滞在していた時に、街で日本からの観光客を見かけたことはなかったし、筆者が属していた大学のとある学科でも、筆者以前に客員で滞在した日本人などいなかったらしい。

だからイエテボリは、ヨーロッパの中では、何の変哲もない普通の街、と言っていいと思う。

写真1　イエテボリの風景

しかし――。

その街での暮らしは、筆者が想像した以上に、快適で、豊かなものだった。

当時の自宅は都心を囲む運河のすぐ外側のアパートだった。アパートは築100年以上の風格ある立派な建物だったが、その中は現代的にリニューアルされ、大変快適なものだった。

自宅から運河を渡れば、そこには大変にぎやかな都心の商店街があった。そして運河の周りには芝生の公園があり、ベンチや子ども用の遊具、現代美術作品が設置されていた。しかもその運河の公園以外にも、徒歩1分くらいの範囲にゆったりとした公園が2つもあった。

自宅のアパートのブロックにある建物はいずれもアパートだったのだが、それぞれの1階には、レストラン、カフェ、バー、花屋などが多数入っていた。徒歩2、3分くらいのところには魚市場も、肉市場も、そしてスーパーもあった。

自宅から歩いて数十秒のところにトラム（路面電車）の駅があって、職場にも中央駅にも7、8分前後で行くことができた。トラムの運賃は120円程度、しかも、2時間以内なら乗り換えは何度でも無料だった。

つまり、買い物も仕事も、日常生活のほとんど全ての移動が、徒歩、あるいはトラムで数十秒から数分程度のものだったのである。

筆者には、こうした暮らしは大変魅力的なものだった。

何を買うにもどんな食事をするにもとても便利だし、感じの良い公園がすぐそばにいくつもあるし、自動車の渋滞もないし、満員電車もないし、通勤時間も短い。

なぜこんなにも、日本よりも格段に豊かな暮らしが、ヨーロッパではできてしまうのだろうか？

もちろんその相違の背景には、日本とヨーロッパの間の様々な文化や風習の違いがあることは間違いないとは思う。

しかし、それと同様に、あるいはそれ以上に重要な要因があることを、都市交通を研究してきた筆者は一人の専門家として確信している。

それは、「街の交通の在り方」の相違である。

「交通の在り方」と「豊かな暮らし」

そもそも、先に述べたイエテボリの暮らしが豊かであったのは、通勤や買い物、子どもと公園で遊ぶこと、あるいは休日の映画や外食といった日常的なあらゆる活動をする場所が、都心に「コンパクト」にまとめられていたからである。だから、どんな移動でも、数分程度、歩いたりトラムを使うことで事足りていた。

ところが、街そのものがコンパクトにまとまっておらず、通勤に1時間以上もかかったり、その間、満員電車や自動車の交通渋滞に毎朝毎夕苛《さいな》まれていたりすれば、仮にそれに慣れたとしても、精神的なストレスは大きくなってしまう。あるいは、買い物や子どもと公園に行くにしても、クルマで数十分から1時間以上もの時間をかけて行くのと、歩いて数十秒から数分の所にちょくちょく出かけるのとでは、生活の豊かさの実感は随分と違ってくる。

つまり、イエテボリでは、多くの人々が街の中に住み、街の中で働き、街の中で買い物や食事をし、街の中で子どもと共に過ごしているのである。

長い時間をかけて通勤や買い物に出かけたりしている多くの日本人からすると、何とも羨ましい限り――、と感ずる読者もおられるかもしれない。しかし、よくよく考えてみれば、我々日本人の多くも、数十年前は、そういう暮らしをしていたのである。

例えば、昭和30年代の東京の庶民の暮らしを描いた映画（コミック漫画）である「三丁目の夕日」の世界を思い起こしていただきたい。

この作品にみる、かつての東京の庶民の「経済的な豊かさ」は、イエテボリの人々、あるいは現代の我々の豊かさに比べれば、随分と低いものにしか過ぎない。洋服も今のように何着も持っているわけではないだろうし、家電製品だって貧弱なものしかなく、クルマだって誰も持ってはいない。

しかし、そこには、隣近所との間に濃密な「コミュニティ」があり、近所にはたくさんの人が集まる商店街があった。そして、大人達は街の中で仕事をしているため、長い通勤に悩まされるようなこともない——。こうした「三丁目の夕日」の世界は、イエテボリのそれとは、その文化的な雰囲気は大いに異なるだろうが、「街の交通の在り方」については、大いに類似しているように思う。どちらの世界でも、人々は買い物も仕事も、遠くに出かけることもなく、「歩く」ことを基本としていたのであり、少し遠くに出かける時も、クルマを使うことなく、バスや市電を使っているのである。

ところが、今のわれわれの多くは、そのような「街の中で、歩いて暮らしていく」ということができなくなってしまっている。

都市部では、働き口の大半が土地代の高い「都心部」に集積する一方、人々は都心ほどには公園も買い物施設も少ない「郊外」へと住み処《か》を求めた。

だから、買い物に出かけるにも、子どもと一緒に公園に行くのでも、昔なら近所に商店街があったり公園があったりしたから歩いて行けたが、今ではクルマを使わないと行けないような所に多くの日本人が暮らしている。

つまり今や多くの日本人は、「三丁目の夕日」の世界、あるいは、ヨーロッパの街の世界とは大きく異なる「都市生活者」になってしまったのである。*10

変わりゆく街の姿

しかも変わったのは、人々が住む場所だけではない。それに合わせて、都市の姿も大きく変わってしまった。

かつては多くの人々が、都心部を訪れた。

都心にはいろいろな種類のお店――お肉屋さん、八百屋さん、床屋さん、お菓子屋さん――があり、それが商店街という形でまとまっていた。

多くの人々が都心に暮らしていたので、皆が歩いたり自転車を使ったりして、そんな商店街を簡単に訪れることができた。

そして誰もクルマを持っていないから、皆がバスや電車を使っていた。だから、少し離れた

写真2　日本のある都市の〝シャッター街〟の風景

所に暮らしている人も、駅やバス停の周りで買い物をした。そして、ほとんどの商店街は、そんな駅やバス停の周りにあったのである。

このように、都心や駅前には、色々な商店街があり、たくさんの人々で賑わっていたのである。

ところが、日本では、大都市を除くほとんどの都市で、そんな都心の商店街は壊滅的な状況にある。

「シャッター街」という言葉をご存じだろうか？

写真2をご覧いただきたい。これは日本の中心にある、ある街の商店街である。ここでは、平日の昼間であるにもかかわらず、半数以上の店がシャッターを閉めている。人通りもほとんどなく、まるで〝ゴーストタウン〟の様相だ。これが、いわゆる〝シャッター街〟と呼ばれる風景である。こうした風景は、人々が行き交うイエテボリの街の風景（**写真1**）とは対照的な風景である。

クルマの流入が街の姿を変えた

では、日本の都市はなぜこんなことになってしまったのだろうか。

この問題について、これまでの様々な都市交通研究の中で、誰もが共通して指摘する原因がある。

それは、「クルマ」の存在である。

考えていただきたい。

もし仮に誰もクルマを持っていないとしたら、誰もが、徒歩や電車を使わないと移動できないのだから、人々は必然的に都心か駅前で、まとまって(=コンパクトに)暮らして行かざるを得ない。

だから必然的に、都心や駅前の商店街に人が集まってくる。そして、まとまって暮らしているからこそ、豊かなコミュニティも徐々に形成されてくることとなる。

ところが、クルマがあれば、人々は都心や駅前に固執する必要がなくなる。どこでも好きな所に住むことができるし、どこへでも好きな所に行くことができる。だから、人々は、土地代の安くて広い、郊外に住むことになる。

そして、企業側も、巨大な駐車場を備えた大型のショッピングセンターを郊外につくることとなる。そうなると、人々はますます都心から離れ、郊外で、クルマを使って暮らすようになってしまう。
つまり、人々がクルマを使うようになった必然的な結果として街の中心が衰退し、「シャッター街」が見られるようになったのである。

クルマを閉め出していれば「シャッター街化」を食い止められた

しかし、こうしたクルマ文化は、日本だけではなく、ヨーロッパにも訪れているはずである。いわんや、スウェーデンなら、ボルボやサーブといった世界的な自動車メーカーもあるのだから、イエテボリにも、同じように「シャッター街化」の波が訪れても不思議ではなかったはずだ。

それにもかかわらず、日本とヨーロッパの間に、なぜこれほどまでに大きな違いが生まれたのだろうか？

この点にこそ、シャッター街化の問題を解く鍵がある。

そして実を言うと、この点については、これもまた大方の都市交通研究者の間で一致した見解がある。

それは、イエテボリをはじめとした多くのヨーロッパの都市では、都心へのクルマの流入を、徹底的に排除した一方で、日本では、ほぼ無制限に、クルマを都心部に流入させた、という点である。

一見、人々がクルマを使うようになったのなら、クルマを受け入れた方が、都心は「得」をするのではないか――、と思うかもしれない。実際、日本のたくさんの商店街は、未だにそのように考えている節がある。

しかし、実態は、その逆なのだ。

商売の極意は〝損して得取れ〟。

クルマを受け入れないで、少しガマンをして、クルマを閉め出してみる。

そうすると、確かにクルマのお客さんは来なくなってしまうのだが、その分、クルマを使わない、大量のお客さんが街にやってくることになる。

なぜなら、クルマを街に受け入れるためには、随分と大層な〝装置〟が必要とされるからだ。

第一に、都心の一等地に「駐車場」が必要だ。

第二に、クルマを通すための「道路」が必要となる。クルマのための「駐車場」と「道路」には、かなり広い土地が必要である。

もしも駐車場が要らないのなら、その場所を公園にすることもできるし、百貨店をつくることもできる。あるいは、その場所を、筆者がイエテボリで暮らしていたようなアパートにすることだってできる。しかし、クルマを都心で引き受けるための駐車場をつくるためには、そんな公園や百貨店やアパートをつくることを諦めなければならなくなってしまう。そんなことをあちこちで続けていけば、都市の魅力はどんどん低下していってしまうのである。

そして、さらにやっかいなのは、「クルマのための道路」である。

道路はそもそも、クルマのためだけのものではない。

歩く人のためのものでもあるし、路面電車のためのものでもある。場合によっては、真ん中に緑を植えた遊歩道をつくることだってできるし、「オープンカフェ」をつくることもできる。だから、もしもクルマが都心から閉め出されていれば、人々はゆったりとした歩道の上を、ぶらぶらと歩くことができるようになるのである。そして、気軽に路面電車を使うことができるようにもなるし、道の上のベンチやカフェでゆったりと過ごすことだってできる。

しかし、「クルマを処理するため」だけに道路を使うなら、つまり、せっかくの公共の空間である〝道路〟をクルマに明け渡してしまうなら、そんなことが、全てできなくなってしまうのである。

そうなると人々は狭い歩道を歩かなければならない。

ベンチもカフェもないから、ちょっと腰をかける場所も、ゆっくりとくつろぐ場所も道の上にはない。

クルマばかり走る道路には、イエテボリのように気軽にのれる〝路面電車〟はつくれない。

だから、街の中でのちょっとした移動が不便なままとなる（日本のいろんな都市で見られた路面電車は、クルマ社会が進展するに伴って、クルマに追い出されるかのように姿を消していった）。

こうして、クルマの流入を野放図に許し続けた日本では、いたるところで街の魅力が低い水準のままに〝ほったらかし〟にされてしまったのである。

そうなってしまえば、巨大資本をバックに展開する郊外の大型ショッピングセンターに、都心の商店街は、全く太刀打ちできなくなってしまう。こうして、人々はますます都心から郊外へと流れていくようになってしまったのである。

ところが逆に、都心へのクルマの流入を抑制していれば、都心に魅力を保ち、その魅力にさらに磨きをかけていくこともできたのである。都心に魅力さえあれば、別にクルマで来てもらわなくとも、人々はどうにかこうにか都心にやってくるのである。そして、街はますます賑やかになり、街は元気であり続けたのである。

それがイエテボリの姿なのであり、ヨーロッパの街々の姿なのであった。

要するに、クルマに媚びて好き勝手に流入させてやるのか、それとも、クルマに対して毅然とした態度をとって閉め出すのかが、シャッター街と元気な街の分かれ目だったのである。

豊かな都市生活を取り戻すために

では、クルマを閉め出すためには、何が必要なのだろう。

誰もが思いつく、一番簡単な方法は、〝自動車の流入を法的に禁止する〟という方法である。しかし、この方法の実現性はかなり乏しい。

なぜなら、我々生活者にしてみれば、自動車といえば〝自家用車〟(クルマ)というイメージしかないかもしれないが、当然ながら「物流のトラック」もまた自動車なのであり、これがおおよそ2割(高速道路では約3割)もの割合を占めているからである。これをもし閉め出してしまえば、都市の活動は、ほとんど止まってしまう。コンビニやスーパー、百貨店にモノは一切並ばなくなってしまう。さらにバスやタクシーもまた自動車であるから、これらの営業を禁止するのは、ナンセンスだろう。

それなら自家用車だけ流入禁止すればいい、という議論もあるかもしれない。

しかし、現代の日本では、全ての〝移動〟に対する、クルマ(自家用車)を使った移動の割合は、平日で45%、休日で63%である。地方都市について言うなら、その割合は、平日で56%、休日で73%にも上っている。だから、やはりクルマを「完全」に閉め出してしまえば、相当程度、都心にやってくる人々が減ってしまうのでは、という心配も、決して杞憂とは言えないのである。

そんな「クルマ社会」の中で、どうやって、都心からクルマを閉め出しつつ、都市を魅力的にし、元気づけていくのか——。

この難問について、実は極めて「スタンダードな答え」があるのである。

そして、その「スタンダードな答え」にそって、ヨーロッパのおおよその都市が計画され、大きな成功を収めているのである。実を言うと筆者の体験を通じて紹介したイエテボリも、そんな街の一つにしか過ぎないのである。

以下、そんな都市における交通戦略を簡単に紹介することとしよう。

まず第一に、都市の周辺に環状道路をつくる。これをつくっておけば、ただ単に都心を〝通過〟するだけのクルマを都心から閉め出すことができる。例えば、東京や大阪といった大都市のクルマの流れの中で、街にとりたてて用事もなく、ただその街を通り過ぎる〝通過交通〟の割合は、1割から2割程度となっているが、環状道路があれば、こうしたクルマを、都心から排除することができる。

第二に、そうした環状道路に大規模な駐車場を作る。いわゆる「フリンジパーキング」と呼ばれるものである。それとともに、そうしたフリンジパーキングから、都心に向けて、便利な大量輸送機関（つまり、公共交通）を整備する。鉄道でもLRTと呼ばれる新しいタイプの路面電車でもいい。こうしておくことで、郊外や他の都市からクルマでやってくる人々を、一旦、その大規模な駐車場で受け止める。そしてその後は、その駐車場から都心部に、公共交通で人々を運ぶのである。そうすれば、都心への自動車の流入を劇的に削減することができる。それと同時に、現代の交通の5～7割も占めるクルマで移動する人々を、都心に呼び込むことができる。

第三に、環状道路の内側にある道路を自動車のみでなく、「歩行者」や「LRT」や「緑地」「自転車」等に使えるように、つくり替えていく。つまり、自動車の車線を減らし、その分、歩行者専用道路などにしていくのである。環状道路や郊外の大規模駐車場があれば、まちなかの自動車をグンと減らすことができる。だから、都心の道路の車線を減らして歩行者専用道にしても、都市の交通が混乱することなどない。

そして、クルマで郊外まで来た人々をフリンジパーキングから都心に便利な公共交通で運ぶことができるなら、「自家用車」の流入を禁止するような施策だって、不可能なことではなくなるのである。逆に言うなら、これまでクルマを閉め出すことが難しかったのは、環状線や大型駐車場といった、道路のインフラが存在しなかったからなのである。

以上の3つが、このクルマ社会の中で、クルマに依存しない都市をつくるための基本的な交通戦略である。

しかし、こんな都市に一人でも多くの人を呼び込み、都市を元気づけていくためには、以上の三つに加えて、次のような公共事業をさらに進めていくことが必要だ。

第四に、こうして歩行者に開放された道路が、単なるアスファルトのままでは、どうしても、魅力的な町並みとはならない。

ヨーロッパの町並みを歩いたことがある方々なら、皆、思い当たる節があると思う。自動車の車線は、日本と同じく、真っ黒で無粋なアスファルトで覆われているが、人が歩く歩道の多くが、「石畳」になっていたはずである。

それと同じように、日本の歩道も石畳をはじめとした様々な舗装を行い、歩いてみたくなるような楽しい空間に仕立てていくのである。

第五に、もっと、まちなかを歩いていて楽しい空間に仕立てて行くためにも、「電柱を地中化」していくことは、極めて重要だ。

実は、日本ほど、電柱が乱立し、道路の上を「電線」が蜘蛛の巣のように行き交う、みっともない風景が至る所で見られるような先進国はない。

例えば、ロンドンやパリ、ボンやベルリンはほぼ１００％の電線が地中化されているし、ニューヨークやシンガポールでも、7割から9割程度の電線が地中化されている。そして、お隣の韓国のソウル市でも、実に半分以上の電線が地中化されている。しかし、東京の23区では、たった1割前後、全国平均でいえば、たった数パーセントしか電線が地中化されていない。まったくもって、日本の道路は、景観上、最悪な状況にあるのだ。

第六に、こうした都心の魅力を高める努力を続ける一方で、やはり、郊外に大型の店が出店し続ける状況に、歯止めをかけていく必要がある。そしてそれと同時に、まちなかでの民間の投資を促していく税制や、土地利用の規制や誘導策を実施していくことも重要だ。

そして最後の第七に、その都市圏に暮らす人々全員に、クルマで郊外に出かけるのではなく、まちなかに、公共交通で訪れることを訴えかける、徹底的な「公共マーケティング」(公共コミュニケーション)を展開していくことが重要だ。

例えばオーストラリアのパースやアデレード等の都市では、何十億円もかけて、クルマに過度に依存する暮らしから、公共交通を使ってまちなかで過ごすライフスタイルへの転換を呼びかける公共マーケティングを展開しているし、ロンドンをはじめイギリスの諸都市でも、「脱クルマ社会」を人々に呼びかける大規模な公的マーケティングを実施している。本章で紹介したイエテボリでも、同じような取り組みを、市が大規模に展開している。これらの都市では、こうした取り組みを通じて、クルマを利用する人々の1~2割を、鉄道や自転車などを利用する方向に転換させることに成功しているのである。

美しい町並みの実現

日本は、今となっては、ほぼ完璧な「クルマ社会」の国になってしまった。そして、繰り返しとなるが、全国平均で、移動の半分程度がクルマに頼るものとなっている。そして、地方都市においては、実に6～7割程度が、クルマに依存した交通になっている。

そんなクルマ社会の中では、何の公共事業もしなければ、まちなかにクルマが野放図に流入し、道路上から路面電車がはじき出され、自転車がはじき出され、そして歩行者がはじき出されてしまう。実際、「道の上で子どもが遊ぶ」というような風景をみることが、ほとんどなくなってしまった。

民俗学者の柳田國男によれば、日本の子どもは皆、道の上で遊んでいたそうである。筆者が子どものころ、1970年代にはまだ、遊びといえば、ケンケンパにしろゴム跳びにしろ、みな道の上だった。そういう遊びを昔は、「辻遊び」といったそうである。

しかし、今、子ども達に辻遊びを奨励することは難しい。

なぜなら、クルマが行き交う道路では、危なくて仕方ないからだ。

だから、遊び場を失った街の子ども達は皆、家にこもるようになってしまった。あまり一般には知られていないと思うが、子ども達がゲームばかりするようになったのは、実は、こうした「都市交通政策の失敗」が一つの重要な遠因なのだ。

こういう問題にいち早く気がついたヨーロッパの各都市では、様々な公共事業を、長い年月をかけて展開した。

環状道路をつくり、その道路に大規模な駐車場をつくり、その駐車場からLRTをはじめとした便利な公共交通をつくった。それと同時に、クルマが減ったまちなかの道路を、歩行者や緑や路面電車のために開放し、都心を魅力的な空間につくり替えていった。さらには、そんな都心に人々を呼び込むために、何十億円という予算を使って、市民一人一人に、「過度なクルマ利用からの脱却」を呼びかけていった。

こうした地道で、かつ、大胆な「公共事業」を毎年毎年、何年も、何十年もかけて繰り返し実施していったのであり、その結果得られたのが、筆者が1年間の留学で体験した、あの豊かなイエテボリの街の暮らしだったのである。

つまり、豊かな暮らしを得るために、スウェーデンのイエテボリの人達は、何千億円、何兆円という膨大な財源を投入しながら、少しずつ、自分たちの街をつくってきたのである。

そんな努力をほとんどしてこなかった日本人が、いかに最近、GDPが増えたからといって、その経済の豊かさを実感できずに貧しい暮らしをしていたとしても、それはそれで、当たり前のことなのである。

豊かな暮らしを手に入れるためには、少しずつ少しずつ、我々の暮らしを支える「インフラ」を積み重ね、「ストック」（蓄積）していかなければならなかったのである。

もちろん、日本の街々をヨーロッパの街々のようにしていくためには、それぞれの都市で何千億円、何兆円もの公共事業のための財源が必要とされるだろう。だから、財政の問題に苦しむそれぞれの街にとって、それは、今すぐには難しいことが多いだろう。

しかし、少し腰を据えて、これから10年、20年かけても、私たちの街を豊かなものにしたいと多くの人々が願うなら、そして、私たちの子ども達が豊かな街に住むことを心から望むなら、それは決して不可能なことなんかではない。

環状道路の建設といったハードな公共事業から、電線の地中化を経て、公的マーケティングといったソフトな公共事業まで、様々な種類の公共事業を、少しずつ戦略的に、かつ、遠大なビジョンを見据えながら、地道に、毎年毎年、展開していけばいいのである。

そうすれば、そう遠くない将来、今度は逆に、ヨーロッパの人々が我々の街に例えば1年間、訪れる機会があったときに、日本の町並みの素晴らしさ、そして、街の中の暮らしの豊かさに感銘を受けて帰って行く、ということも十分あり得るに違いない。

そんな近未来は、決して、夢のまた夢、のような非現実的なものではない。

例えば、江戸時代末期から明治初期にかけて日本を訪れたシーボルトやラフカディオ・ハーン（小泉八雲）といったヨーロッパ人が、それまで何百年もかけて少しずつつくられた日本の街々の風景の美しさ、そして、その街に暮らす人々の暮らしの豊かさに、大きな感銘を受けている様子が、彼らの様々な文献から窺い知ることができる。

そうである以上、我々が腰を据えて地道に取り組む覚悟を持てば、ヨーロッパのような町並みと豊かな暮らしを、あるいは、それよりももっと素晴らしい、日本文化をもってしか形作れないような町並みと豊かな暮らしを実現することは、決して不可能なことではないと思う。

もちろん、それを願う日本人がごくわずかにしかいないとするなら、それはやはり、夢のまた夢、で終わることだろう。

だからこそ、それが実現するか否かは、一人でも多くの国民や、行政官、そして政治家が、活力ある美しい日本の街の実現というヴィジョンを共有し、それに向けた具体の公共事業を、地道に展開していくことができるか否かに、かかっているのである。

3.「橋」が落ちる

「ワタルナ、キケン」

2010年1月の写真週刊誌「フライデー」には、次のような見出しの記事が載った。[*11]

「ワタルナ、キケン」でも補修予算は切り捨てられる可能性大
――徹底調査「あなたの町の危ない橋」全リスト94

この記事の骨子は次のようなものだ。

「コンクリートから人へ」の流れの中で地方の公共事業費は大きく削減されている。そしてそのしわ寄せのため、地方の橋の多くが危険なまま放置されている――。こうした認識の下、フライデー編集部は、全国の「危ない橋」を割り出し、そのリストを公開するとともに現地に赴き、その「危ない橋」の様子を取材している。そして、例えば次のように報じている。

「……その惨状は目に余る。……「正木《まさき》1号橋」（千葉県君津市）は橋脚のコンクリートに真一文字にヒビが走っていた……大袈裟でなくいつ崩れても不思議ではない状態だった」（P72）

さらに、次のような大学教授（高知工科大学マネジメント学部・那須清吾教授）のコメントを掲載している。

「……地方道では、ない袖は振れないということで、すでにインフラ状況はひどくなっています。車が通れない道路、重量制限をしている橋などがたくさんあります。今後さらに予算を絞った場合、重大な事故や問題を引き起こしかねません。'70〜'80年代のアメリカでは、実際に橋が、それこそバタバタと落ちました」（P70）

こうして、過度の「コンクリートから人へ」という政策の流れを見直すとともに、「ボロボロの橋」（P73）を救うことを、そしてそのための予算が必要とされていることを、記事全体を通じて読者に訴えている。

「荒廃するアメリカ」

さて、この記事で紹介された那須教授が言及している70～80年代のアメリカで生じた「橋の老朽化の問題」は、専門家の間では広く知られた事実である。

このあたりの詳細は、『荒廃するアメリカ』という書籍*12の中で述べられている。

1960年代後半にはおおよそ7兆円規模であったアメリカの道路予算は70年代に徐々に減少し、1980年頃には5兆円程度にまで低下してしまった。その結果、道路の「メンテナンス」に十分な予算を割くことができなくなり、アメリカのあちこちで、〝ボロボロ〟のままに放置されてしまう橋が増えていった。

そしてこの事態はついに、1983年のコネチカット州にあるマイアナス橋の崩壊に繋がった。

この橋は、1日の交通量が約9万台という地域の大動脈であった。そのため、この橋の崩壊は3名の人命の損失とともに、3カ月にもわたるアメリカ北東部の経済混乱をもたらすことになった。

また、ニューヨークのマンハッタン島にかかる橋にも、様々な問題が起こった。

まず、1973年には、ウェストサイドハイウェイが部分崩落し、その後、あまりの老朽化のために、その一部が解体されることとなってしまった。1981年には、ブルックリン橋でケーブルが破断し、それによって橋の通行者（日本人カメラマン）が死亡するという事故が起こった。

その他の橋も老朽化が激しく、補修しなければいつ落ちてもおかしくないような危ない状況に陥っていた。そのため、1980年代前半には、マンハッタン橋、クイーンズボロ橋、ウィリアムズバーグ橋などのマンハッタン島の主要な橋のいずれもが、大規模な補修工事をしなければならない状況に追い込まれた。

こうして「危ない橋」が、アメリカのあちらこちらで見られるようになっていった。そして、様々な橋で「通行の規制」や「通行止め」がかけられることとなった。

言うまでもなく、橋は極めて重要な交通の要である。そのため、橋の通行規制は、経済や社会生活に大きな影響を及ぼした。

例えば、ピッツバーグの橋の一つが通行止めとなったことから、トラックは迂回せざるを得なくなり、その結果、USスチール社は、年間で100万ドルを超える損失を被ったそうである。

小学生のためのスクールバスも橋を渡れなくなり、1982年には全米で約50万人の学童が迂回路を使わざるを得なくなったという。そして、1万人前後もの学童が、橋の手前で一旦バスを降りて歩いて橋を渡っていたそうである。

つまり、インフラの維持管理、メンテナンスを蔑《ないがし》ろにした1980年代のアメリカは、文字通り「荒廃」し、交通が乱れ、経済が乱れ、そして、社会生活に大きな支障が及んでいたのである。そして挙げ句には、橋の崩壊によって何人もの人命が失われたのである。

既に始まっている「荒廃する日本」

冒頭で紹介した「フライデー」の記事は、アメリカで見られたこうした「荒廃」が、日本においても始まっている、ということに警鐘をならすものである。

もちろん、現在の日本では、アメリカのように橋が落ちたことで人命が奪われた、という惨事は起きてはいない。しかし、それはあくまでも「たまたま」であったに過ぎない。事実、冒頭の記事が言うように「大袈裟でなくいつ崩れても不思議ではない状態」の橋は、我が国にたくさん存在しているのである。

まず、日本政府が直接管轄する橋は全国に約1万8000橋ある。それらは自治体が管轄する橋よりも丁寧に検査されている。そして、その検査を通じて、橋の損傷、老朽化の度合がどの程度なのかが定期的にチェックされている。その結果、とりわけ老朽化が激しく、放置しておけば通常の通行が保証できないような、「緊急対応の必要有り」と認定されてしまう橋が、

106橋あることが知られている。[*13] つまり、全体の1万8000橋の約0・6%にあたる橋が、そのまま放置しておけば「いつ落ちてもおかしくない」ような状態にあるのである。

しかし、財源が乏しく、予算を十分に橋のメンテナンスに割くことができない地方自治体では、事態はもっと深刻だ。専門的な検査をすれば「緊急対応の必要有り」と認定されるであろう橋でも、そうした定期点検ができないため、そのまま放置されてしまっているからだ。橋のメンテナンスについての調査によれば、都道府県や政令市はある程度定期点検を実施しているようだが、全国に1800ある市区町村においては、実に8割以上の1500の市区町村が、予算も技術力も不十分だという理由で、定期点検ができていないようである。

つまり、ほとんどの自治体が、定期点検をせずに、橋を放置しているのである。

そんな状況では、誰の目から見てもおかしい、というようなほぼ手遅れの状態になった時に初めて、当局が知ることとなる。

そうなると後は、「通行止め」や「通行規制」をせざるを得なくなる。

例えば、都道府県や大阪、横浜などの政令市の場合、実際に通行止めになったり通行規制されたりしている橋は91橋ある（平成19年時点）。

そして、政令市を除く全国の市町村が管轄する橋においては、通行止め、あるいは通行規制がかけられている橋は、実に593橋にも上っている。

つまり、地方が管轄するもので既に規制されている橋が合計で684橋あるのである。しかし、定期点検をまめに行えば、もっと多くの橋が「危ない」状況にあることがわかるはずだ。繰り返しとなるが、そもそも、8割の市町村が定期点検をせずにそのまま放置しているからである。

例えば、もし国が全ての橋を点検したとすれば、「緊急対応の必要有り」と認定されるような橋は、上記の684橋を遥かに上回る数となろう。例えば「緊急対応の必要有り」と認定された政府管轄の橋の割合である「0・6％」という数値を用いれば、全国に架けられている67万8000の橋全体の中で約4000橋が、実際には「緊急対応の必要有り」という状況にあることが推察される。

全国4000橋、つまり、一つの都道府県について、平均で約85橋もの橋が緊急の補修を必要としているのである。つまり、我々が日常的に使っている橋の中に、既に、「そのまま放置し続ければ、いつ落ちてもおかしくはない」、というような危険な状態にある橋が潜んでいる可能性は、極めて高いのである。

冒頭で述べた記事は、世間には未だ十分に知られていない、こうした「危ない橋」の存在を大きく取り上げたものだったのである。

この事実を踏まえるなら、我々は次のように結論付けてもいいだろう——、つまり、我が日本においても既に、かつてのアメリカと同様の「荒廃」が始まっているのである。

ぎりぎりで回避された〝大惨事〟

このような危ない状態の橋が多数あるのだから、実際に、既に崩壊してしまった橋もたくさんあるのではないか、ということは十分に想像できるところであろう。

実際、その通りなのである。

例えば、長野県の新菅橋は、橋が架けられてから24年目に、橋ゲタを支えていた鋼線が破断したことによって落ちてしまった。同じようにして、岐阜県の島田橋は27年目に落橋している。また沖縄県の辺野喜橋は、風雨と潮風にさらされて鋼材が腐食し、28年目に崩落している。これら以外にも、いくつもの「落橋」の事例が存在することが知られている。

ただし、これらの落橋の事例では、幸いにも、死者が出るような大きな被害は出ていない。しかし、もしもタイミングが悪ければ、死者が出るような被害が生じていた危険性は十分にあった。

例えば、海外の事例であるが、アメリカのミネアポリスでは、通勤ラッシュ時に突然橋が落ち、50台以上の自動車が巻き込まれ、13名が死亡している。アメリカのシルバー橋の落橋では、31台の自動車がオハイオ川に落下し、46名が亡くなるという、落橋史上最悪の事態が起こっている。

つまり、多くの利用者がいる瞬間に落橋すれば、深刻な被害が生じてしまうことを避けることはできないのであり、次に日本で起こる落橋で、こうした惨事が起きないとは限らないのである。

そしてさらに恐ろしいのは、

「定期点検をしていたとしても、〝発見〟できないような危ない状態にある橋」

というものが、現在の日本に多数存在している可能性がある、という点である。

例えば、2009年の12月、土木業界関連のインターネット記事[*14]として、次のような記事が掲載された。


「8本のPCケーブルが破断、妙高大橋の補修工事で判明」


妙高大橋というのは、新潟県にある国道18号線の橋の一つである。この橋ゲタを定期点検で確認したところ、コンクリートに埋め込まれているはずの鉄筋の一部が、表面に浮き出ている、という異常が確認された。

ついては、この部分を確認するために、コンクリートを削り取って中を確認したところ、その中身はボロボロになっていることが〝発見〟された。その橋ゲタを支えている30本の鋼線が腐食し、それらのうち8本もが破断していたのである。それを受けて、以後、２０１０年現在に至るまで、橋に大きな負担をかけないように、通行規制がかけられている。

しかし、30本の鋼線のうち8本もが破断していたのだから、そのまま通行の規制をかけずに放置しておけば、大きな重量のバスやトラックが一度に利用する時に崩壊していたことも十分に考えられる。

事実、この橋は、スキーシーズンには多くのスキー客を乗せた大型バスが、何台も行き交う橋であった。幸い、鋼線の破断が〝発見〟されたのが本格的なスキーシーズンの直前であったからよかったものの、その発見が遅れてスキーシーズンを迎えていれば、そして、多くのスキー客を乗せた大型バスが何台も同時にその橋を利用するようなことが運悪くあれば、橋は落ちていたかもしれない。

その瞬間を想像すれば、ゾッとせざるを得ない。

この橋ゲタの下は深い谷底である。

バスが4、5台同時にその谷底に落下してしまうことがあれば、死者数が１００人、場合によっては２００人を超えるような、落橋史上、最大の惨事が起きていた可能性すら十分に想像できるのである。

さて、この事例が恐ろしいのは、その〝発見〟がずっと遅れていた可能性が十分に考えられた、という点にある。そしてさらに恐ろしいのは、〝発見されなかった〟ということすら十分にあり得たのだ、という点である。

第一に、先にも述べたように、この橋は、深い谷にかけられた橋である。だから、その橋ゲタの下の様子を点検するためには、特殊な足場を用意しなければならず、それなりの予算が必要であった。しかし後に詳しく述べるように、「コンクリートから人へ」の方針の下で、点検のための予算は大きく削られてきている。そして点検の頻度は、現在大きく低下していく傾向にあり、そのあおりを受けて、その発見が〝遅れた〟ことは十二分にあり得たのである。

そして第二に、今回、表面に一部の異常が確認できたからこそ、その中身をさらに詳しく点検しようということになったようなのだが、表面には何も異常をきたさないまま、人知れず、内部の腐食が進行していた可能性だって、十分にあったのである。

現在の土木技術では、目では確認できない内部の腐食や亀裂を〝診断〟するための技術もそれなりに開発されてきてはいる。しかし、それを現場に適用するためには、さらに大きな予算が必要となる。公共事業の予算が大幅に削減されている今日、そうした予算を点検に割くことができる公共主体は、限られている。

つまり、今回は幸運にも、一部の異常が表面に浮き出たために、内部で進行していた深刻な腐食を〝発見〟することができたのだが、現在の状況の中ではそれが〝発見できなかった〟可能性が、現実的に十二分に考えられるのである。

今回の件は、土木関係者のみが閲覧するような専門的なインターネット記事で報じられただけであり、一般紙では報じられてはいない。しかし、技術的、専門的な観点からこの小さな専門的インターネット記事を解釈すれば、先に述べたように、場合によっては200人以上の死者が出るような、史上最悪の大惨事を招いていた事態すら想像されるところだったのである。

もちろん、そうした大惨事が起これば、一般のマスメディアは連日大きく取り上げるだろう。しかし、それが今回のように回避されれば、それが仮に「間一髪」のものであったとしても、一部の業界関係者をのぞけば、世間の誰も見向きすらしない。

それが平成の世の現実である。

しかし、災害は、起こってから後悔しても遅い。

最悪の事態が起こる前に、様々な可能性を十分に想像しながら、日常の中で粛々とその対応を考える、そうしたことこそが、真っ当な良識ある大人の当然の姿勢であるに違いないのだが――。

2010年から、本格的な「橋の危機」が訪れる

このように、我々が日常的に使っている橋の中に、既に「危ない状況」にあるものが少なからず潜んでいる可能性が危惧されるのである。

ただし現在のそうした状況は、まだまだ「序の口」に過ぎない。こうした「橋の危機」が本格的に頻発していくのは2010年頃から、つまり、まさに「これから」であることが予想されているのである。

図9・1の(1)をご覧いただきたい。

これは、アメリカの橋がつくられた年次を示したものである。

この図に示しているように、アメリカの橋がつくられはじめたのは1920年代から1930年代頃であった。そして、アメリカの橋の老朽化が本格的に問題化し、実際に落ちる事故が多数起こりはじめたのが、1970年代から1980年代であった。つまり、橋がつくられてから、おおよそ50年が経った時代に、老朽化による「落橋」がはじまったのである。

この50年という数字は、橋の一般的な「寿命」に相当する。

つまり、20年代から30年代につくられ始めた橋が、ちょうど寿命を迎え始めたのが70年代から80年代にかけての「荒廃するアメリカ」と呼ばれた時代だったのである。

ここで、我が国の状況を見てみよう。**図9・1**の(2)である。

図9・1　それぞれの年代につくられた橋の数の推移

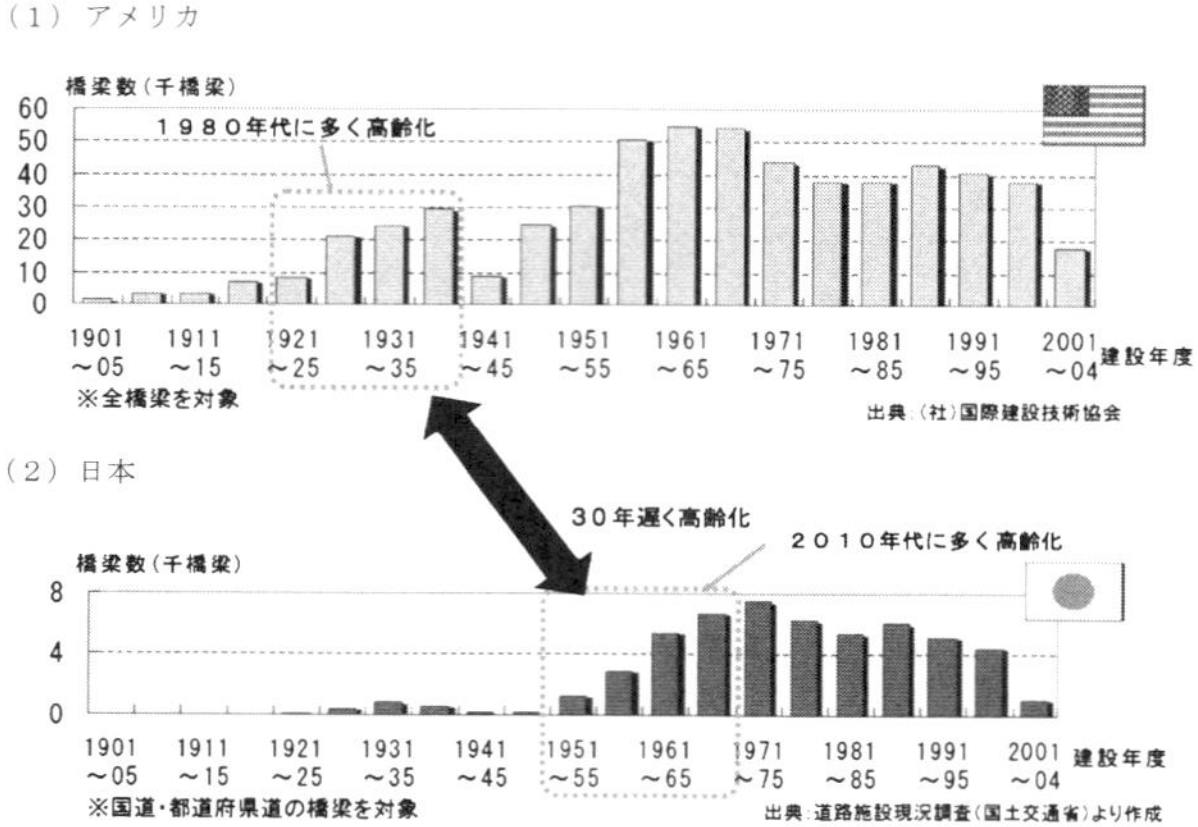

※国道・都道府県道の橋梁を対象
出典：道路施設現況調査（国土交通省）より作成

図9・2　50歳を超える橋の割合の推移（平成18年を基準にした場合、また、15m以上の全国約15万橋を対象とした場合）

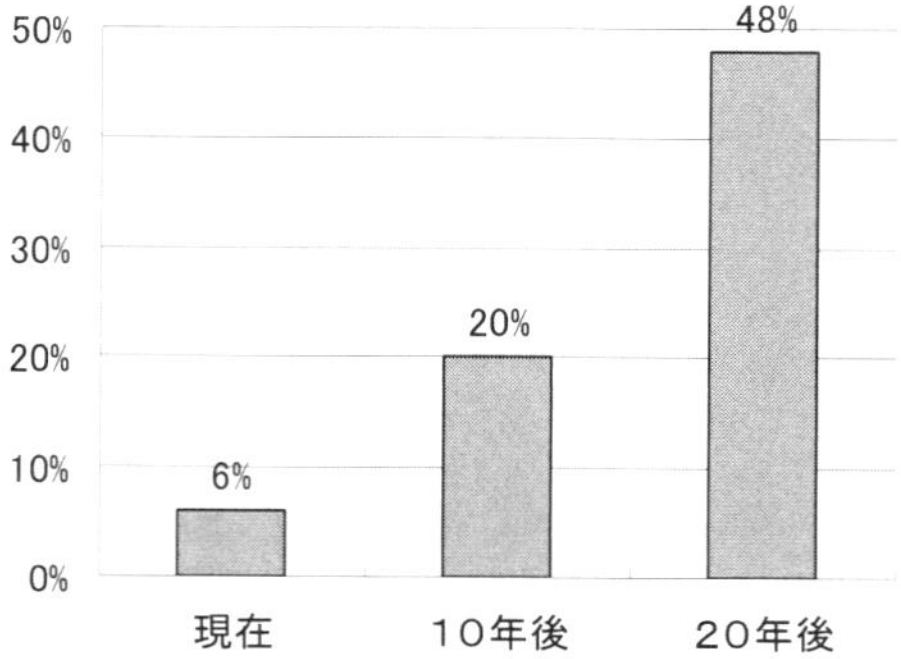

ご覧のように、日本の橋は戦後、高度成長期の１９６０年代にたくさんつくられ始めた。それから50年というと、２０１０年頃、つまりちょうど〝今〟、ということとなる。

このことは、アメリカが「荒廃」した１９８０年代の状況と非常に似た状況が、まさに今、これから我が国にも訪れようとしている、ということを意味している。

日本は今まさに、本格的に「橋が落ちる事故」が頻発する危機に、直面しつつあるのである。


あと20年で、〝高齢化した橋〟が約半数にもなる

こうした日本の橋の危機は、例えば**図9・2**のように集計しなおしてみると、より分かりやすい。

この図は、50歳以上の〝高齢化した橋〟が、今後、どれくらい増えていくのかを示したグラフである。

橋の平均的な寿命は、おおよそ50年程度だと指摘したが、このことはつまり、橋は50年を経過すると〝高齢化〟するということを意味している。老朽化が激しくなると、補修や改修が必要になったり、場合によっては更新（つまり、架け替え）が必要になったりする。そして、そういう補修や更新をしなければ、〝いつ落ちてもおかしくない〟という「危険な橋」になってしまうのである。

この図は、そうした「放置しておけば、危険な橋になってしまう」という高齢化した橋が、これから20年程度で、実に約50％、全国で7万橋以上にまで上ることになるだろう、ということを示しているのである。

「荒廃」からの脱出を図るアメリカ

我々は、こうした「危ない橋」「荒廃する日本」の問題に対して、どのように対処していくといいのだろうか。

その答えのヒントは、「荒廃」を経験し、何名もの人命が奪われる落橋事故を経験した、30年前のアメリカの対応に見て取ることができる。

そうした事故を幾度か経験したアメリカでは、当時、「政府は〝危ない橋〟の問題に一刻も早く対処すべし」という世論が巻き起こった。

ただし、アメリカ政府は、この問題を解消するのは簡単なことではないことを知っていた。なぜなら、こうした問題が起こった本質的な原因は、「根本的な道路予算不足」だったからである。

例えば、事故が起こったマンハッタン島のブルックリン橋の補修のためには、その後の約20年間で約300億円もの予算がかけられている。ウィリアムズバーグ橋にいたっては、実に約

図10　アメリカ政府の道路事業費（予算）の推移

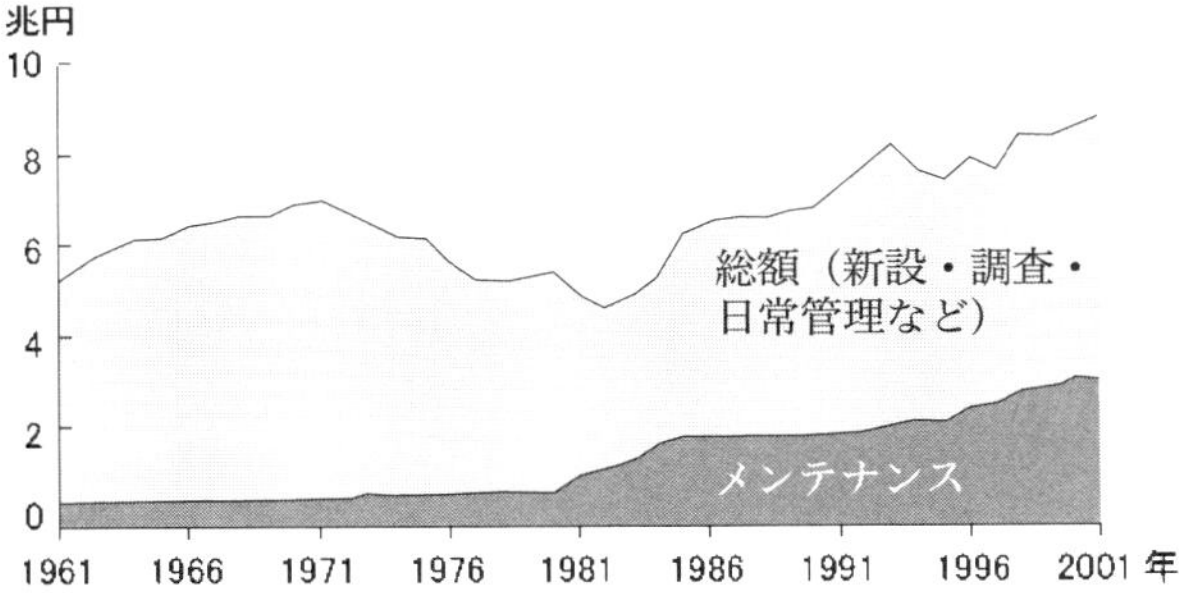

※US DOT（米国交通省）Highway Statisticsの各年の名目額にデフレータを乗算し2000年実質額を算定したもの（1＄＝115円換算）

1000億円もの予算がかけられている。

つまり、橋を補修するには、その橋が大規模であれば、数百億円、場合によっては1000億円以上もの予算が必要とされるのである。そして、全米にある何万、何十万という50歳以上の高齢化した橋のそれぞれを補修するためには、莫大な予算が必要とされていたのだった。

それにもかかわらず、当時のアメリカは、橋のメンテナンスのために割かれる予算が年々縮小されてきていた。この状況は、現在の日本と、極めて似た状況である。

図10をご覧いただきたい。これは、アメリカの各年次の道路予算の金額を、2000年の実質額に換算したものである。

先にも触れたが、1960年代後半には約7兆円あった道路予算が、1980年代前半には、3割近くも減少し、約5兆円近くにまで落ち込んでいた。

この背景には、ガソリン税が何十年も1ガロン4セントという低い水準に据え置かれていたという事情があった。そして、アメリカ経済そのものが成長し、全体の物価の水準が年々上昇していく中で、ガソリン税が一定に据え置かれたため、道路予算は「相対的」に年々減少していったのである。

こうした問題の構造がある以上、「荒廃するアメリカ」から脱却するためには、この慢性的な予算不足を解消する以外に道はなかった。

こうした背景から、アメリカ政府は、ガソリン税を1983年に一気に倍程度にまで引き上げた。その後、何度かの引き上げを繰り返し、現在では1ガロン18・44セントという、かつての4倍以上の水準にまでなっている。そして、その増分の大きな部分を、メンテナンス費用に割り振るような予算配分とした。

その結果、**図10**に示したように、道路予算は年々上昇し、現在では9兆円前後もの水準となった。そして、かつては、せいぜい全体の道路予算の十数パーセント程度にしか過ぎなかったメンテナンス費用が、現在ではその3分の1の約3兆円にまで上昇することとなった。

こうして、アメリカの橋は、老朽化したものを中心に、補修や更新が重点的になされるようになる。

その結果、欠陥のある橋（欠陥橋）が、年々減少していった。1981年当時には、実に25万橋、全体の45パーセントにも上った欠陥橋が、2004年時点では17万橋、全体の27パーセントにまで減少してきた。

しかし、ここで忘れてならないのは、「減った」とはいえ、未だ全体の27パーセント、17万橋が「欠陥橋」のまま残されている、という点である。

実際、先にも触れたミネアポリスのハイウェイの橋の崩壊事故は、つい数年前の2007年に起きている。この事故には50台以上のクルマが巻き込まれ、13人もの人命が失われた。そして、この橋は、1日14万台もの自動車の利用があったことから、その経済損失も甚大なものとなっている。

つまり、ガソリン税を大幅に引き上げ、橋のメンテナンスに強力に取り組んだアメリカ政府ですら、未だ「荒廃するアメリカ」から完全に抜け出したわけではないのである。

かつてのアメリカよりも深刻な日本の現状

ここまでの議論を簡単におさらいしておこう。

高度成長期につくられた全国で数万にも及ぶ膨大な数の橋が、ちょうど今、老朽化しつつある。現時点において、推計で全国で約4000もの橋が、何らかの欠陥を抱えた状況にある。

そして、この問題は近い将来、確実に、さらに深刻化する。10年後には約2割、20年後には実に半数近くが、平均的な寿命を超えようとしている。

こうした状況を既に30年前の1980年代に、アメリカは迎えていた。そして、実際に複数回の橋の崩壊に伴う、大きな混乱を経験していた。

こうしたアメリカの経験を踏まえれば、このままいけば、日本でも重大な被害をもたらす落橋事故が起こるであろうことは、ほとんど間違いない。

しかも、現在の日本は、かつてのアメリカよりもさらに深刻な問題を抱えている。なぜなら、日本の公共事業は現在、深刻な「財源不足」の問題に直面しているからである。繰り返しとなるが、アメリカはこの問題の回避のため、抜本的に道路予算の拡張を図った。しかし、現在の日本は、ちょうどその〝真逆〟の議論をしている。

2008年まで、日本の道路予算は、アメリカと同様に、「ガソリン税」を基調とするものだった。しかし、2009年度以降、ガソリン税は一般財源に組み込まれることとなり、道路予算は、一般財源から捻出されることとなった。

そして、一般財源の予算配分の考え方は、2009年に民主党政権が誕生して以降、「コンクリートから人へ」を基調とするものとなった。そして、2010年度の公共事業関係の予算は、前年度からさらに大きく削られた（31ページの**図8**を改めてご覧いただきたい）。

こうした国の財政のありようと並行して、地方自治体の公共事業の関係費も大幅に縮減されてきている。

つまり、「橋の補修」のために費やすことができる予算は、国にしろ地方にしろ、毎年毎年、大幅に削減されてきたのである。そして、これまでの予算配分の考え方を踏襲するのなら、今後もさらに「橋の補修」のための予算は減少していくこととなる。

そうなれば、「危ないにもかかわらず、放置され続ける橋」が年々増えていくこととなる。

そしてそんなことが続けば、そのうち、かつてのアメリカのように、あるいはそれ以上に、「危ない橋」がバタバタと落ちてしまう事態は避けられないだろう。そして、それによる経済的損失も、失われる人命も、相当な数に上ることが危惧されるのである。

言うなれば、「コンクリートから人へ」という考え方で財政を行い続けているうちに、〝コンクリート〟でできた橋を補修する予算が削られ、巡り巡って、貴重な〝人〟の命が失われてしまう帰結に至る――、そんな懸念が、現実味を帯びたものとして危惧されるのである。

最悪の事態を回避するために

こうした危機を現実のものとして受け止めるなら、我々は今、何をすべきなのだろうか。

もちろん、橋の補修のための新しい技術開発や、低コスト化のための技術革新などが求められていることは間違いない。しかし、それにもまして求められているのは、日本の橋が、今まさに、本当に危機的な状況にあるのだ、ということを、一人でも多くの国民が理解することである。

アメリカで大幅にガソリン税を引き上げ、道路予算を確保するという大転換を図ることができたのは、世論がそれを望んだからであった。

我が国においても、一人でも多くの国民が「日本の橋の危機」を十分に理解し、世論を通じてそれへの対応の必要性を主張するようになれば、国も自治体も、橋のメンテナンスに割く財源を確保するための方法を、もっと真剣に議論するようになるかもしれない。

例えば、アメリカでは、早急に対応が必要とされる橋を全て直すのに、総額で130兆円もの予算が必要であるとの試算がなされている。仮に40年程度でじっくりと対応していくとしても、年間3兆円程度の予算が必要とされるのである。もちろん、広いアメリカには、日本の1・5倍以上の数の橋がある。その点を踏まえるなら、大雑把にいって、日本でも年間でおよそ2兆円程度の予算が橋のメンテナンスのみに用意できるなら、[*15] バタバタと橋が落ちるという最悪の事態を回避できるようになるかもしれない——。

アメリカでは、橋の崩壊に伴う大きな惨事を経験し、ようやく、「荒廃するアメリカ」から脱却する取り組みが始められた。

日本では未だ、橋の崩壊に伴う惨事は起きていない。しかし、このままの無策が続けば、そうした惨事はそのうち必ず起こる。それが分かっているのなら、30年前のアメリカの悲惨な状況を歴史的事実として知る我々は、同じ愚を繰り返す必要はないはずなのである。

もちろん、「橋の補修」といえば、至って〝地味〟な事業ではある。かつての瀬戸大橋や明石海峡大橋をかけるというような、ある種の〝夢〟と共に語られ得るような華やかな公共事業ではない。

しかし、「橋」は、我々の経済と社会生活にとって極めて重要な存在である。だからこそ、我々の先人達は、様々な川や谷に、何百年、何千年にわたって橋をかけ続けてきたのだ。

そうである以上、「橋の補修」という、地味ではあっても極めて重要な問題について、国民がより賢明なる世論を形成することを心から祈念したい。そしてそれを通じて、適切な技術を開発し、適正な予算を組むことによって、「荒廃する日本」と呼ばれるような最悪の事態を回避する近未来の到来を、願いたい。

4．「日本の港」を守る

凋落する日本の港

日本は海に囲まれた島国だから、「貿易」はほとんど全て「港」を通して行われている。石油などの資源も、食料や衣料などの輸入品も、そのほとんどが「港」を通じて日本にやってきているし、日本で作った自動車や電気製品なども、そのほとんどが「港」を通じて世界に輸出されている。

だから日本が貿易を重視する限り、港での取引が必然的に多くなる。

実際、今から30年前、日本の経済力が〝頂点〟を迎えんとしていた１９８０年当時、神戸港は世界有数の港であり、そのコンテナ[*16]の取り扱い個数は世界第４位であった。それに続く横浜港は世界第12位、東京港が第18位と、日本は確かに、世界有数の大きな貿易港を抱えていたのである。

ところが――。

この30年の間、世界各国は凄まじいスピードで、港を大型化していき、日本の港は完全に、世界的な競争の中で取り残されてしまった。

表1をご覧いただきたい。

この表は、1980年と2008年のそれぞれにおける、コンテナの取り扱い数の世界ランキングである。

1980年に世界第4位であった神戸港は、2008年にはなんと、世界44位にまで凋落している。

その他の日本の港も、軒並み、その順位を下げている。

当時46位だった名古屋港が39位へと少々ランクを向上させているが、東京港は18位から24位、横浜港は12位から29位、大阪港は39位から50位へと、その順位を大きく下げてしまった。

その代わりに躍進しているのが、シンガポールであり、中国、韓国、ドバイである。

つまり、港湾の取扱量について日本勢が凋落していった一方、日本を除くアジア各国の港湾取扱量が飛躍的に上昇したのである。

「日本の貿易」の危機

このように、日本の港のコンテナの取扱量のランキングが、世界の中で低くなってきている

表1　世界の港湾別コンテナ取り扱い個数ランキング

（単位：万ＴＥＵ※）

1980年

順位	港	取扱量
1	ニューヨーク	195
2	ロッテルダム	190
3	香港	146
4	**神戸**	146
5	高雄	98
6	シンガポール	92
7	サンファン	85
8	ロングビーチ	83
9	ハンブルク	78
10	オークランド	78
	……	
12	横浜	72
18	東京	63
39	大阪	25
46	名古屋	21

2008年

順位	港	取扱量
1	シンガポール	2992
2	上海	2798
3	香港	2425
4	深圳	2141
5	釜山	1343
6	ドバイ	1183
7	寧波	1123
8	広州	1100
9	ロッテルダム	1080
10	青島	1032
	…	
	…	
	…	
24	東京	427
29	横浜	349
39	名古屋	282
44	**神戸**	256
50	大阪	224

※TEU: 20フィートのコンテナを1、40フィートのコンテナを2と数える単位

（国土交通省港湾局作成：http://www.mlit.go.jp/common/000109521.pdf）

のだが、このデータだけで「日本の貿易が危ない」と即断することはできない。なぜなら、別に小さな港しかなくても、必要な物資を、効率的にきちんと輸出入できているのなら、世界ランキングなど気にかける必要などない、とも言えるからだ。

しかし、実は、そう楽観もしていられないのである。日本の港湾ランクの凋落は、やはり、日本の貿易に危機が迫っていることの一つの危険信号となっているのである。

この問題は、少々ややこしく入り組んだ問題なのだが、日本の貿易を考える上で、大変重要な問題なので、しばらくお付き合い願いたい。

昨今のいわゆる「グローバリゼーション」の進展によって、世界中の貿易量は年々増え続けてきている。そして、今日では20年前の3倍にも膨れあがっている。

それに呼応する形で、貿易のための船も年々大型化してきた。

例えば、現在、貿易で使われている船の中で一番大きな船は、20年前に一番大きかった船よりも、実に3倍以上ものコンテナを積むことができるほどに、巨大なものとなってきている。

これだけ船が大きくなってくると、「港そのもの」も大きなものでなければ、その船を受け入れられなくなってくる。大きな船は、「水深の深い港」でないと入れないからだ。

この問題に対処するために、過去20年、30年の間、中国や韓国やシンガポールは、「大きな港」を建造し続けてきた。そして、先に述べたように、それぞれの港での取扱量を飛躍的に増加させたのである。

ところが、日本は、港の大型化を怠ってきてしまった。

具体的に言えば、日本で今、一番「深い」埠頭は、横浜港にある「16メートル」の水深の埠頭である。しかし、今一番大きな船が入港するには、「18メートル」の深さの埠頭が必要なのである。

たかだか「2メートル」、ではある。

しかし、このたった「2メートル」が、国際貿易における大問題なのである。

実を言うと、「あと2メートル深い港」を作るという事業は、何百億円、場合によっては何千億円もの財源を必要とする大規模な、国家的な「公共事業」なのである。

日本はそんな「国家事業」を進めることができず、「たかだか2メートルの深さが足らない」というだけの理由で、大きなコンテナ船が立ち寄れない、という問題を抱えてしまったのである。その結果、過去30年の間に、港のコンテナ取扱量は軒並みそのランクを大幅に下げてしまう、という事態になってしまったのである。

こうなると、超大型のコンテナ船を使う船会社は、日本との間の輸出入のためには、「日本近郊の港、例えば、釜山などに一旦、コンテナを運び入れて、そこで小さな船に積み替えてから、日本にコンテナを運び入れる」、という面倒な戦略を取らざるを得なくなる。

図11　日本の輸出入コンテナ貨物に占める「積み替え（トランシップ）」貨物の割合

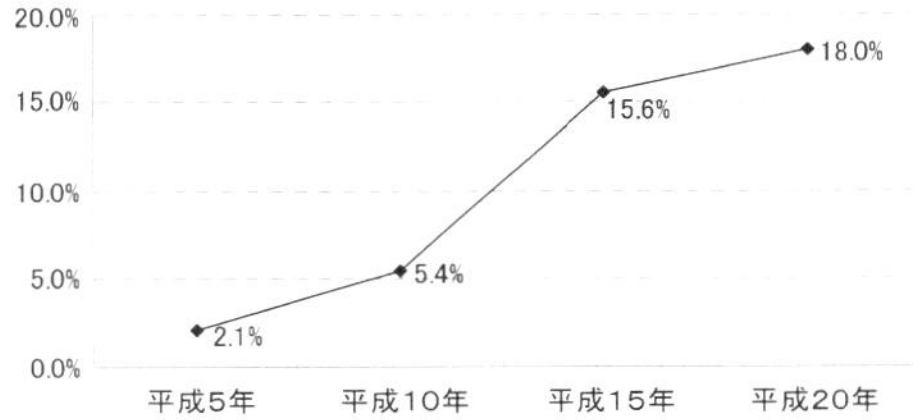

こうした経緯から、「積み替え」によるコンテナ輸送が、日本では年々、増え続けたのである。

図11をご覧いただきたい。

この図に示したように、今からおおよそ15年ほど前の平成5年当時には、そんな「積み替え」はわずか2・1％であった。しかしその後の15年間で、その割合は実に18％にまで増加してしまった。

「18％なら、まだ82％も直接日本にやってきてるんだから、大丈夫だろう」

と思われるかもしれない。

しかし、この18％という水準は、全く楽観できるような水準ではない。

そもそも、日本の輸出入の約50％がアジア内の近距離で行われているが、そんな近距離の輸出入では、当然、「積み替え」の必要はない。だから、大雑把にいって、「積み替え」が起こるのは、残りの50％のアメリカやヨーロッパ等との遠距離の航路においてのみである。この点を踏まえると、積み替えが起こる可能性のあるコンテナの、実に4割弱（36％＝18÷50）において、既に、海外での「積み替え」が生じてしまっているのである。

コンテナの「積み替え」の何が「問題」なのか？

ここでも再び、「コンテナの積み替えの割合が高いからといって、それで一体何が問題なのか」という疑問があるかもしれない。

しかし、これは日本の貿易にとって、非常に重大な問題なのである。

まず、いちいち外国の港でコンテナを積み替えなければならなくなるのだから、輸出入の時間が延びてしまうし、なんと言っても、その外国の港に「積み替え手数料」を払わなければならない。もうそれだけで、輸送のためのコストが増加するという問題が生じてしまう。

しかし、そんなことよりも、外国の港での「積み替え」が常態化してしまうことの最大の問題は、日本の貿易のための輸送が、「外国の港」に主導権を握られてしまうことになるという点である。

仮に、日本と外国の貿易で「積み替え」が完全に常態化してしまったとすると、「積み替え」をする外国の港、例えば釜山は、日本に輸出入をする場合の港の使用料を、日本の港のことを気にせずに、思い通りに設定することができてしまうようになる。

ところが、もしも日本に十分に大きな港があれば、釜山はそんな好き勝手ができなくなる。釜山が港の使用料金を高すぎる水準に設定すれば、船を運航している会社は、日本の港を直接使うという経営判断をすることとなり、結局は、釜山の港は貴重な「お客さん」を失ってしまうのである。だから、日本に大きな港があれば、釜山は港の使用料を「控えめ」に設定せざるを得ないのである。

つまり、日本にも大きな港があり、そこで大型の船を引き受けることができる状況にしておけば、日本の港と外国の港との間で「港の使用料についての価格競争」が生ずることとなる。そしてその結果、日本は貿易にかかる費用を、一定水準以下に抑えることができるのである。ところが日本の港がいずれも小さすぎれば、そんな価格競争は起こらず、外国の港が「日本の交易を独占」できてしまうことにもなる。その結果、日本の貿易コストだけが、諸外国に比べて「割高」になってしまうのである。

さらには、外国での積み替えが常態化してしまえば、その国（例えば、釜山を持つ韓国）の政情の不安定化や経済悪化などの問題が、直接、日本の貿易に影響してしまうこととなる。そうなると、そのあおりを受けて港の使用料が高騰するかもしれないし、特定の国の船舶が立ち寄れなくなってしまうかもしれない。最悪の場合には、日本の船が立ち寄れないというような事態も、起こらないとも限らない。あるいはそこまでの問題はないとしても、例えば、その港での単なる労使交渉がこじれて、何日間もストライキが行われるようなこともあるかもしれない。

そうなると、日本経済は大打撃を受けることにもなりかねないのだが、日本としては、その問題に対して、指をくわえて見ているしかなくなってしまうのである。

つまり、全てのコンテナ航路が外国での「積み替え」になってしまえば、様々な意味で、日本の貿易が外国の影響下、あるいは支配下におかれ、「韓国がくしゃみをすれば、日本は肺炎を起こす」というような情けない事態を迎えてしまうのである。

これが、大型の港を持たず、大型のコンテナ輸送を全て外国での「積み替え」に頼ることの重大な問題点なのである。

港が小さすぎると、経済が打撃を受ける

さてここで、日本の港が小さすぎることが原因で、「日本だけが、輸出入のための輸送コストが割高になってしまう」という問題について、さらに掘り下げて考えてみることとしよう。

輸送コストが高くなる、ということはつまり、「輸入」に関して言えば、日本国内に輸入する品物が全て「高くなってしまう」ということである。こうなると、日本の消費者も企業も、いつも割高の品物を買わされ続けることになってしまう。しかも、その「割高」になった分の

儲けは、日本国内で必ずしも回収されるのではなく、海外の港に流れていってしまうのである。

さらに「輸出」に関して言えば、日本から輸出する製品が全て、他の国の製品よりも「割高」になってしまう。こうなると、ヨーロッパやアメリカの市場での、日本製品の価格競争力が低下してしまうこととなる。

こうした事情から、「たかだか数メートル、港湾の深さが浅い」というだけの理由で、日本経済は、ボディブローのようなダメージを、常に受け続けるようになってしまうのである。

それがどれだけ深刻な経済的ダメージなのかを、厳密に予測することは難しい。

ただし、いくつかの前提を置いた上で、このような日本経済の損失額が年間で３８００億円程度に上るだろう、という試算もなされている。[*17]

しかし、この計算過程を見ると、上に述べた「外国の港に、港の使用料設定の主導権を握られることによるコストの増加分」という、最も本質的な経済損失については考慮されていない。さらには、外国の積み替え港でのストライキが起こるリスクや、（日本を含めた）特定の国の船が立ち寄れなくなるといったリスクもまた、考慮されていない。したがってこれらの問題点をさらに加味すると、場合によってはもっと大きな水準、例えば年間で１兆円を上回る経済損失を、毎年被ることにもなりかねないのである。

仮にこうした損失額の合計が年間５０００億円だとしても、10年間で５兆円、30年間で15兆円となるし、年間1兆円だとすれば10年間で10兆円、30年間で30兆円もの経済損失を、日本が被ることにもなってしまう。

だから、「大きな港をつくらない」という国家的な選択は、「14兆円の経済損失をもたらした阪神淡路大震災級の震災が、14年に1回ずつ、日本を襲う」、というようなことと、同じような経済損失を与えかねないのである。

逆に言うと、きちんとした大型の港を作っておけば、そんな経済損失を回避することができるのである。つまり、「今よりも水深が数メートル深い港を、日本のどこかに2、3個はきちんとつくる」という公共事業は、日本の国全体に、中長期的に数十兆円規模の巨大な経済効果をもたらす事業なのである。

もちろん、数メートル深い埠頭をつくるには、それなりの予算が必要である。

なぜなら、水深のある港をつくるためには、埠頭のところだけ深く掘ればそれでいい、というわけにはいかず、外洋から埠頭までの全ての航路で、それだけの水深が確保されなければならないからである。そして、大型船を迎え入れるためには、深さだけではなくて、埠頭の長さも幅も十分なければならない。だから、今よりもたかだか数メートル深い埠頭の港をつくるためだけに、結局は数百億円、あるいは数千億円もの予算が必要となる。

しかし、繰り返しとなるが、その経済効果は、年間数千億円、あるいはそれ以上にもなる可能性すら考えられる。だから、「港の大型化」という公共事業は、仮に数千億円かかったとしても、その元を取るために何十年とかかってしまうような事業などではなく、極めて短期間に元が取れるような「優良事業」なのである。

そうである以上、ここまでお付き合いいただいた読者の皆様ならば、「さっさと大型の港をつくってしまえばよいのではないか」とお感じになるのではないかと思う。

筆者もまさにそう感じている。

しかし、それがなかなか進められないところに、日本の問題がある——。

次に、その問題を考えてみることとしよう。

港の大型化が立ち後れてしまった理由

中国や韓国といった昨今躍進しているアジアの国々が「港の大型化」を次々と達成している一方で、日本のそれが立ち後れている最大の原因は、「港の大型化」という事業を行う「主体」の違いにある。

日本を除く多くの諸外国は、港の大型化を、その「国の政府」の「国家プロジェクト」として推進している。

しかし、日本は、必ずしもそういうわけにはいかない。なぜなら、「港湾行政」の権限が、地方自治体に「地方分権化」されており、日本国政府だけの意向で「港の大型化」を進めることができないからだ。

例えば、横浜港は横浜市、神戸港は神戸市が管理者であり、日本の国が管理しているわけではない。

こうした「分権化」が港湾行政においてなされているのは、第二次大戦敗戦後すぐに、アメリカ主導のGHQが、日本政府にそのように直接指導したからである。具体的には、港湾を管理する権限を地方自治体に最大限与え、国としての関与は必要最低限の水準に抑えるべきである、という内容を、GHQが日本国政府に発している指令書が、残されている。[*18]

当時の日本は、GHQに占領統治されており、憲法をはじめとする様々な法律が、GHQの発令によって定められていた。そのうちの一つが、こうした港湾についての法律だった。

GHQが港湾の管理権を地方に「分権」したことの「意図」を明記したような資料を、筆者は目にしたことはない。しかし、憲法9条の「戦力の不保持」と同様の意図で、港湾の管理の分権化の指令がGHQ司令部から発せられたのではないか、と言われているのを耳にすることは多い。すなわち、アメリカが、日本の軍事力を含めた国力そのものの増進を恐れたために、港の管理や建設の権限を国から取り上げ、それを地方に配分したのではないかと言われているのである。

そのあたりの仔細については、推察の域を出ないのだが、それがもし事実だとするなら、そのアメリカの意図は大いに成功している、と言わざるを得ない。

事実、敗戦後65年が経った今でも、日本の国は、自らの「国益」のために神戸や横浜の港を増強することすら、簡単にはできないでいる。

そもそも神戸や横浜の港湾を大型化するためには、何よりもまず、その管理者たる神戸市や横浜市が、「自分達の港」である神戸港や横浜港の大型化計画を、「自分自身」で立案しなければならない。

しかし、神戸市や横浜市がいかに優れた自治体であっても、本来、日本国民全体の利益を第一に考える組織ではなく、神戸市民や横浜市民の利益を第一に考える組織である。だから、「港湾の大型化」が、神戸市民や横浜市民に、どんなメリットを与えるのかを説明する義務を、市民、あるいは、その代表たる「議会」に対して持っているのである。

しかし、その説明責任が、必ずしも果たせるとは限らない。

なぜなら、これまでの議論を踏まえれば当たり前のことではあるが、そもそも「港湾の大型化」というものは、神戸市や横浜市のために議論されているものではなく、日本の国全体の国益のために議論されているからである。

しかも、そんな国益を考えるためには、近隣の国々の経済や大型港湾の動向を観察し、分析し続ける「国際的な視野」と、それを踏まえた「国家的な判断力」が求められる。

そんな視野や判断力を、一つの自治体に求めるということ自体、酷な話だし、筋違いだとも言わねばならない。そんな国際的な視野と国家的な判断の責任を負うべきは、地方自治体ではなく、「日本国政府」であるべきだろう。

要するに考えてみれば当たり前ではあるのだが、地方分権には地方分権の「メリット」があると同時に「デメリット」もあるのである。「地方分権にはメリットしかないのだ」という考えは、「地方分権にはデメリットしかないのだ」という考えと全く同様に、ナンセンスで愚かなものにしか過ぎない。

だから、港湾についての「地方分権」が行きすぎたものであるのなら、再び、政府の役割を増強していくことが求められる。それにもかかわらず、なんでもかんでも分権化してしまえば、例えば、行政法の専門家である櫻井敬子氏が主張するように、「分権進んで国滅ぶ」というような情けない事態にもなりかねないのである。[*19]

地方分権と中央集権についての成熟した議論を

このように、「国益」のためには不可欠な「大型の港湾を作る公共事業」が、日本においてだけ遅々として進まなくなってしまっているのは、「港湾行政の過度な地方分権化」が原因なのである。

日本国政府は、こうした事態を打開し、日本の国益のために、京浜港（東京港・横浜港・川崎港）、阪神港（大阪港・神戸港）を「国際コンテナ戦略港湾」に指定し、港湾の大型化を進めようとしている。

しかし、GHQの指令文書に基づいて戦後すぐに制定された港湾法がある限り、それらの港湾整備はやはり、それぞれの自治体の管理の下で進められなければならない。そして、その大型化の費用についても、国が全てを支出することができず、それぞれの自治体が一定割合を負担しなければならない、という足かせもはめられている。

日本に「主権国家」としての主体性があるなら、こうした法令の改定も見据えた国民的議論が求められているに違いない。

昨今、とりわけ民主党政権になって以降、「地方主権」というスローガンの下で「推進すべき地方分権とは何か」の議論がかまびすしい。しかしそれと同様に、あるいは場合によってはそれ以上に、「推進すべき中央集権とは何か」を議論することもまた、求められているはずなのである。

これと全く同様の事態が、海の港ならぬ空の港である「空港」においても生じている。

例えば、関西圏には、関西空港と伊丹空港と神戸空港の三つの空港がある。しかし、それらが一体的には運営されておらず、バラバラに運営されてしまっている。

そもそも関西全体、ひいては、日本全体にとって「望ましい空港の在り方」と、大阪府や兵庫県といったそれぞれの府県にとって「望ましい空港の在り方」とが違っていて当然だ。さらには、大阪府と兵庫県が思い描く「望ましい空港の在り方」もまた、別々なのも当たり前である。

そしてやっかいなことに、それぞれの府県が、自らにとって望ましいように空港をバラバラに整備してしまえば、関西全体にとって一番望ましい空港の在り方が実現しなくなり、結局は、それぞれの府県が「損」をしてしまう、という事態に陥ってしまう。

つまり、皆が「協力」をすれば、皆がそれぞれ得をするのに、皆が自分の得ばかりを追い求めていれば、結局は皆が「損」をしてしまうのである。[*20]

こんな状況では、権力をバラバラに皆に与える（＝分権する）よりもむしろ、全体を見据える位置にある機関に権力を集中させてしまった方が、結局は皆が「得」をするはずなのである。

つまり、「何もかも中央集権化すればよい」というのが暴論、愚論だとするなら、「何もかも地方分権化すればよい」というのもまた、愚論、暴論なのである。

こうした分権と集権のバランスの問題が、海にしろ空にしろ、日本のような島国の「港」においては、いつでも生じてしまう。

だから、「国益のための、日本の港湾の大型化」という、本章で取り上げた問題の裏にもまた、最終的には、日本における「分権と集権」の間の「バランスの乱れ」(不均衡)という問題が潜在していたのである。

こうした不均衡を是正するために求められているのは、やはり、成熟した、冷静な議論をおいて他にない。

我々の国の「港」をめぐる現実を見据え、分権と集権の間のあるべきバランスを期する議論が、我が国の国民世論の中で、いち早く成立することを、祈念せずにはおれない。

5.「ダム不要論」を問う

ダムは不要か?

都心を魅力的にしていくためにいろいろな公共投資が必要なのも分かるし、日本の国際競争力を付けるために大きな港も必要なのも分かる、そして、橋がバタバタと落ちるような事態も避けなければいけないのも分かる。だから、それらのために、ある程度なら財源が必要なのは理解できる。

でも、「ダム」は文字通り、無駄なものではないか? ダムと言えば、何の役に立つのかよく分からない巨大なコンクリートの固まりで、ダムこそが土建業者が金儲けのためだけにつくっている無用の長物なのではないか——?

ひょっとすると、ここまで読み進んでこられた読者の中には、このように感ずる方もおられるかもしれない。

かくいう筆者も、大学の土木工学についての最初の講義を受けるまでは、ダムが持つ意味など考えてみたこともなかった。だから、その「コンクリートの固まり」に、一体どういう意味があるのかについては、ほとんど何も知らなかった。

そして何より、確かに、ダムの建設には大きな費用が必要である。

民主党政権が平成21年の選挙の折りに掲げたマニフェストに、その中止が明記された「八ッ《やん》場《ば》ダム」は、4600億円もの費用がかかることが見込まれている。

さらには、巨大なダム事業は、自然環境に大きな影響を及ぼす。そして、慣れ親しんだ集落から、どこか別のところに立ち退かなければならない住民が生ずることすらある。

もちろん、それだけの巨費を投じ、そして、自然や社会に大きな影響を与えてもなお建設するだけの「意味」があるのなら、立ち退く人々も含めた様々な人々の納得は得られるかもしれない。

しかし、民主党政権は実際に八ッ場ダムの中止を決めた。そしてこの政治決定は、それだけの巨費を投ずるだけの意味などないのだ、という強烈なメッセージを社会に発することとなった。

では本当に、民主党政権が言うように、八ッ場ダムにはそれだけの巨費を投ずるだけの意味などないのだろうか。そして、八ッ場ダムと同様に、日本各地で進められているダム建設の多くに意味はないのだろうか――。

ここでは、この問題について改めて考えてみることとしたい。

そもそも、ダムとは？（利水について）

さて、「ダム不要論」の是非を考えるにあたっては、やはり、「ダム」とは一体何のために作られているのか、という点について、簡単におさらいしておくことが必要だろう。

そもそも「ダム」とは、川をせき止め、たくさんの水を貯めるものである。

その目的には様々なものがあるが、特に大きな目的は「利水」というものと「治水」というものである。

これらのうちの「利水」という言葉は、文字通り「水を利用する」ことを意味している。例えば我々は毎日水を飲む。そんな「飲み水」を確保するためにダムをつくるのである。同じようにして、お風呂や炊事などの日常生活のあらゆる場面での水や、工場や農業に使ったりする水を確保するために、ダムが必要なのである。

しかし、なぜ、利水のためには水を「貯め」ないといけないのか？

この点については、あまり一般に知られていないように思う。しかし、少し考えれば、「水を貯める」ことが、現代社会では不可欠であることを、すぐご理解いただけるだろうと思う。

そもそも、雨とは、たくさん降る時もあれば、全然降らない時もあるものである。だから、川にはたくさんの水が流れる時期もあれば、ほとんど水が流れない時期もある。雨がたくさん降っている時には、皆が好きなだけ水が使えるから問題ない。

しかし、問題なのは、「あまり雨が降らない時期」である。

そんな時、もしも水を貯めておかなければ、皆が好きなだけ水が使えなくなってしまう。蛇口をひねっても水が出ないから、水も自由に飲めないし、お風呂にも入れないし、トイレの水も流せない。農業で作物に水をやりたくても水がないから、たくさんの作物が枯れてしまい、農家は大打撃を受ける。だから、ダムのない時代、人々は「日照り」が続くと「飢饉《ききん》」にさいなまれたのである。そして人々は「天の恵み」たる雨を願って、「雨乞い」の儀式を必死になってやっていたのである。

ところが、ダムをつくっておけば、雨が大量に降ったときに、水をしっかりと貯めておける。そして、雨が降らない時には、貯めておいた水を少しずつ川に流して、皆で使えばいいのである。つまりダムに水を貯めておけば、雨が降っても降らなくても、川を流れる水の量をおおよそ一定に保つことができ、川が「涸れ上がる」のを防ぐことができる。

こうして、ダムがあるおかげで、現代の私たちは飢饉にさいなまれず、雨乞いをしなくても、どんな時でも好きなだけ水を使えるようになったのである。

いわば、現代の大都市に住まう我々が普通に水を使えるようになったのは、「ダム」がそれなりにつくられてきたからなのである。こうした背景から、日本に限らず世界中でも、水を安定的に供給するためにダムがつくられてきたのである。

そもそも、ダムとは？（治水について）

このように、ダムの利水の機能は、現代社会に不可欠な要素の一つとして組み込まれているのだが、ダムが持つ「治水」という機能は、それと同様、あるいは、それ以上に重要な意味を持っている。

まず、この「治水」という言葉は、「洪水を防ぐ」ということを意味している。

実は、この洪水とどうつきあうのか、という問題は、「文明」がこの世に生まれて以来、人類を悩ませ続けてきた大問題なのである。例えば、四大文明――黄河文明、メソポタミア文明、エジプト文明、インダス文明――はいずれも、大きな河の流域にできあがり、洪水と戦い続けたものであったし、江戸の都も、洪水との戦いの中でつくられた。

そんな「人類と洪水との戦い」の中で、画期的な技術革新が「ダムをつくる」ことだった。

洪水の対策のために、誰もが最初に考えつくのは「高い堤防をつくる」ことだろう。それ以外にも、「川を深く掘る」「川幅を広げる」という対策もある。しかし、これらはいずれも、川が流れているところ「全て」について、文字通り「水も漏らさぬよう」に完璧に実施しなければならない。どこか一箇所でも弱いところがあれば、大雨が降ったときにそこから水があふれ出し、洪水となってしまうからである。

ところが、「ダム」をつくっておくと、必ずしも「全てのところで完璧な対策」を行わなくても済むようになる。なぜなら、大雨が降ったときに、ダムで水をせき止め、一気に下流側に水が流れていくことを止められるからである。そして、貯まった水は、大雨が降り止んでから、少しずつ流していけばいいのである。

こうしておけば、川が流れている全ての所に、高くて崩壊することのない完璧な堤防をつくる必要もなくなり、大幅に効率的に、洪水を防ぐことができるのである。

八ッ場ダムは必要なのか、無駄なのか?

このように、ダムは、水を使う「利水」、洪水を防ぐ「治水」の双方の側面から、現代の我々の暮らしを支える重要な役割を担っている。

しかし、今問われているのは、「これ以上、新しいダムを作る必要があるのか?」という一点である。

おそらくは、

「利水や治水の点からダムが必要なのは分かる。でも、今、別に『水がないから困る』というようなこともないし、洪水だって、ほとんどない。だから、もうこれ以上、ダムなんて要らないんじゃないか？」

というのが、一般の人々の感覚ではないかと思う。

そして、こういう一般的な感覚が一つの具体的な形となって現れたのが、民主党政権がマニフェストに明記し、かつ、それを事実上実施した「八ッ場ダムの中止」だったのである。

では、「ダム不要論」の具体例の一つとして、この「八ッ場ダムの中止」の問題を、少し掘り下げて考えてみよう。

八ッ場ダムは、首都圏を流れる「利根川」の上流に建設が予定されているダムである。戦後すぐに首都圏を直撃、大洪水をもたらし、1000人以上の死者を出した「カスリーン台風」級の水害から、首都圏を守ることを目的として計画された。さらに、首都圏の水需要の増大から「利水」も重要な計画目的とされてきた。

しかし、この計画に対しては、様々な反対運動が展開されてきている。

今日では、そうした運動が各地域の地方裁判所での訴訟に結びつき、さらには、先の衆院選挙にて政権交代を掲げた民主党のマニフェストにまで取り上げられ、国政の場でも様々な議論が展開されるに至っている。

そうした論争の経緯の中では、実に多様な論点が議論の俎上に載せられてきたのだが、ここでは「ダムの必要性の有無」という点に絞って、この問題をできるだけ客観的な立場から考えてみることとしたい。

八ッ場ダムに「利水」の効果はあるのか?

おそらく多くの一般の人々は、報道等を通じて八ッ場ダムの名前は耳にすることはあったとしても、八ッ場ダムの「必要性の有無」、もう少し具体的に言うならば、「治水効果」や「利水効果」についての仔細を十分に知っているわけではないだろう。

ここではまず、「利水効果」について考えてみることとしよう。

まず、八ッ場ダムが不要である、という議論では、「昨今、首都圏の水需要が減少しているのだから、これ以上のダムは無駄だ」、という点が主張されることが多い。

まさにこの指摘の通り、確かに、首都圏の水需要は減少している。

実際、その点については政府も認めており、政府が策定する利根川の利水についての基本計画は、首都圏の水需要は、かつての想定値よりも減少するであろうという前提のもとに、最近修正されたところである。

しかし、その修正後においてもなお、「八ッ場ダムは利水の観点から必要である」という認識が全ての計画の前提となっている。

その背景には、主として二つの理由がある。[*21]

一つは、首都圏の「地盤沈下」への対策として、ダムの利水効果が必要なのだ、という理由である。

地盤沈下とダムにどういう関係があるのか——、ほとんどの読者には知られていないと思われるが、この両者には明確な関係がある。

そもそも、首都圏では大量の「地下水」が利用されている。

しかし、あまりに大量の地下水をくみ上げると、地盤が沈下してしまう。

事実、例えば埼玉県は、関東の都県の中でもとりわけ地下水への依存度が高いのだが、そのせいで地盤沈下が激しく、かなり広い範囲で年間1センチ以上もの沈下が観測されている。そして雨が少ない年には、一気に6センチも7センチも沈下するような地域すらある。

この地盤沈下は、地域に様々な悪影響を及ぼすのだが、特に深刻な問題は、「堤防の沈下」である。場所によっては、何年にもわたる地盤沈下によって、1メートル以上も堤防が低くなってしまい、洪水の危険が格段に大きくなってしまっている。

一方で、もしもダムがあれば、わざわざ地下水をくみ上げる必要がなくなる。その結果、地盤沈下を避けることができるのである。

実際、地下水への依存度が高い埼玉県は、八ッ場ダムに相当高い期待を抱いているようである。そして、八ッ場ダムが完成した際には、八ッ場ダムによって供給される水の相当量を買い取る権利の取得を予定しているようである。[*22] 八ッ場ダムによって得られる大量の水を使うことで、地下水の利用を抑え、地盤沈下が食い止められるからである。

こうした事情から、例えば、東京都の多摩地区では地下水のくみ上げを将来取りやめることが予定されているなど、首都圏では各所で、「脱地下水」の動きがあり、そのためにも、ダムによる水の供給が強く求められているのである。

さて、八ッ場ダムが利水のために必要であるとされるもう一つの理由は、昨今の「降雨量の低下」である。

最近は気候変動の影響のため、台風も大型化し、大量の雨が降ることが多い。

しかし、それはあくまでも「大雨が降るときには、かつてよりも多くの雨が降る」ということであって、「年間を通じて雨の総量が増える」ということを意味しない。

実際、平均的な年間降水量は年々低下しており、この100年で全国平均で約100ミリ、割合にして7％弱も低下している。しかも、「渇水」と呼ばれる最も降水量が少ないときの降水量は、かつては年間1400ミリ程度であったが、最近は1200ミリを下回る年も見られるようになっている。

こうしたことから、首都圏の人々に安定的に水を届けるため、そして、首都圏の工業や農業において水が涸れてしまうこと（渇水）の被害を避けるために、ダムによる水の供給を求める声が、各都県、つまり、東京都、埼玉県、千葉県、群馬県、茨城県には根強くあるのである。

つまり、しばしば指摘されるように、確かに首都圏に必要な水の量は減ってきてはいるのだが、地盤沈下をもたらしかねない地下水利用をできるだけ避けるためにも、そして、そもそも降水量が減っている中で水を確保するためにも、首都圏を通る川にダムを建設することには、それなりに真っ当な理由があるのである。

実際、東京や群馬、茨城といった首都圏の各地で行われた八ッ場ダムの必要性そのものが重要な争点となった訴訟では、八ッ場ダムの「利水効果」を認める司法判断が下されている。つまり、「八ッ場ダムの利水上の必要性」を仔細に検討した結果、それが「存在している」ということが複数の裁判所によって宣告されているのである。

ハリケーン「カトリーナ」の衝撃

降雨量が少なく、「渇水」が起きてしまうという問題は、農業関係者や、水を利用せざるを得ない工業に従事する人々にとっては、たとえそれが数年に1回程度の滅多に起きないことであったとしても、死活問題と言えるだろう。

この一点だけで、やはり八ッ場ダムを建設すべきなのではないか、という結論を導くこともできるかもしれない。

しかし、農業や工業のような水を使う仕事に従事していない一般の住民にしてみれば、数年に1回程度、蛇口をひねって水が出ないということくらいなら、ガマンできないものではない、と考えられるかもしれない。

そうならば、八ッ場ダムの必要性を考える上では、やはり、「利水」の観点だけではなく、洪水対策としての「治水」の観点を見据えることが不可欠であることが分かる。なぜなら、「洪水」は、ごく普通の多くの首都圏住民の「財産」、ひいては「生命」に関わるものだからである。つまり、多くの首都圏住民にとって、八ッ場ダムの問題は、単なる「他人事」では済まされない、深刻な問題なのである。

さて、八ッ場ダムによる「治水」の問題を考える前に、現代の大都市を大洪水が襲えば、どんなことになるのかを振り返って考えてみることとしよう。

その好例は、2005年、アメリカの南東部を直撃したハリケーン「カトリーナ」である。

このハリケーンでとりわけ甚大な被害を受けたのが、人口約130万人のニューオーリンズ都市圏であった。

もともと、ニューオーリンズはその創設以来ずっと水害に悩まされており、わずか1インチ（約25ミリ）の降水量で容易に水害が発生する街、とも言われていた。なぜなら、ニューオーリンズは、「水面」よりも下にある都市だからである（この点は、後に東京の洪水の問題を考える上で重要なので、ぜひ覚えておいていただきたい）。

そうした水害対策のために街は堤防で囲まれていたのだが、残念ながら、それらの堤防は「カトリーナ級」の大型ハリケーンを想定してつくられたものではなかった。そのため、カトリーナ直撃時に堤防は決壊し、実に市内の8割が水没してしまった。

2005年のことなので、多くの読者もまだ覚えているのではないかと思うが、その被害は甚大であった。多数の死者、行方不明者がでてしまった。死者、行方不明者は合計で実に2500人を超えた。

そして、数多くの建物が流され、破壊された。直接、破壊されなかった建物も、「水浸し」になることによって、大きな被害を受ける。例えば、断熱材を使用する建物は、一旦水浸しになると、断熱材が水を吸ってしまい、もう使えない建物になってしまったりするのである。

こうした被害の総額は、実に「14兆円」にも上った。国連国際防災戦略（ISDR）によれば、この損失額は、阪神淡路大震災による経済損失を上まわる水準で、その時点における最高記録を更新してしまった、とのことである。

図12　首都圏で大雨が降ったときの川の流れの高さと、平面標高図

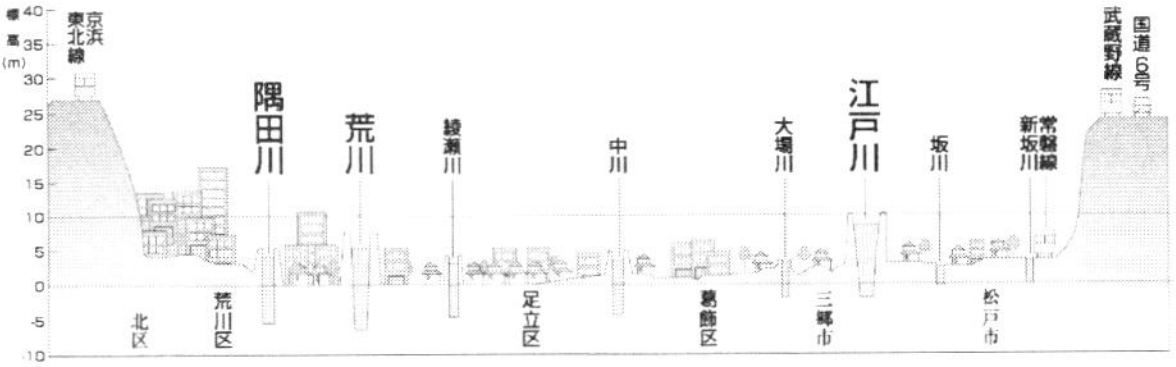

※国土交通省ホームページより

アメリカ政府は、復旧のために5万人以上の陸・空軍兵士を派遣、実に約7兆円もの復旧費を支出した。

多くの日本人は、この未曾有の大被害を見て、遠い国の出来事であり、自分たちには直接関係ないだろうと感じていたかもしれない。

しかし、これは決して遠い国の出来事なのではない。

例えば、我々の国の首都、東京は、まさにこの「カトリーナ級」の、あるいは、それ以上の大洪水が起こるリスクを抱えているのだ。

東京での水害は「カトリーナ」よりも甚大

図12をご覧いただきたい。

この図は、首都圏のある一断面を横から見たものである。

ここに示されているように、大雨が降った時には主要な川はいずれも、人々が住んでいる場所よりも「高い」ところを流れている。[23]しばしばこういう川は、通常の家屋の天井あたりを流れることから「天井川」と呼ばれている。

これは関東平野の成り立ちに由来している。

ご存じだろうか、関東平野はそもそも、様々な川が「氾濫」（つまり洪水）を繰り返すことを通じてできあがった平野なのである（こういう平野は一般に「氾濫原」と言われる）。だから、首都圏で洪水が起こるのは、長い自然の歴史を振り返れば、至って当然のことなのである。

むしろ、関東平野で最近、「洪水が少ない」ということの方が特異なことなのだ。

今日、首都圏で洪水が少なくなったのは、江戸幕府や近代の日本政府が、「治水」事業を毎年進めてきたからだ。言わば、関東平野の様々な「暴れ川」を、高い堤防を使って無理矢理、特定の場所に「押し込めた」のである。

だから、首都圏の川の水面は、人々が住む場所よりも高いところにあるのである。

こういう条件の都市で、一旦堤防が決壊してしまうと、街はすぐに水浸しになってしまう。そして一旦水没してしまうと、なかなか水が引かず、洪水の被害は長期化してしまう。そしてその被害は、甚大なものとなる。

つまり、東京では、水面よりも下側に人々が住んでいたニューオーリンズがカトリーナによって甚大な被害を受けたのとほとんど同じようなことが起こりうるのである。

しかも、ニューオーリンズは約１３０万人の都市であるが、首都圏はその何十倍もの大きさを持つ、超巨大都市である。それ故、その経済的被害もさらに巨大なものとなる。

事実、かつて東京が実際に経験した大型台風を想定して利根川が決壊した場合のシミュレーションを行ったところ、約34兆円の経済的損失が生ずるとの試算もなされている。[*24]

また、荒川が決壊した場合を想定したシミュレーションでは、約33兆円の損失が生ずるであろうと試算されている。[*25]

つまり、この両方が同時に生じてしまえば、最悪の場合、70兆円近くもの巨大な被害を首都圏住民は被ることとなるのである。

後に本書でも紹介する「首都直下型地震」にて想定されている最悪の被害額が、112兆円であるが、こうした大洪水の被害は、それに迫るほどの巨大なものなのである。

あるいはカトリーナの被害と比較するなら、首都圏で荒川と利根川が決壊した場合の被害は、実にその約5倍もの水準となるのである。

実際、死者数についても、内閣府の試算によれば、最悪の場合、荒川決壊においては約2100人、利根川決壊においてはなんと1万人を超える可能性が指摘されている。[*26]これもまた、カトリーナの来襲によってもたらされた死者数の約5倍に上る水準である。

つまり、カトリーナの被害の大きさは、既にこの章で述べたとおりであるが、世界一の大都市、東京都市圏における大洪水は、それを遥かに上回る被害をもたらしうるのである。

首都圏住民、とりわけ大きな河川周辺に住む住民は、この危機をどれくらい理解しつつ、日々の生活を営んでいるのであろうか——。

首都圏の洪水を防ぐためのダム

以上、我々の国の首都、東京は、大雨による洪水に非常に脆弱な巨大都市であることを説明したが、大被害が生じてしまうのは、「十分な治水対策がない場合」である。

だから、十分な治水対策を行っておけば、そんなに大きな被害が起こるとは限らない。

例えばもしも、ニューオーリンズでカトリーナ級のハリケーンを想定した治水対策を事前に行っておけば、14兆円もの未曾有の被害は生じなかったであろうと試算されている。[*27] そして、そのための対策費は、2200億円程度であろうとも試算されている。つまり、事前に2200億円の投資を行っておけば、14兆円もの経済損失をゼロにすることも可能だったのである。

同様に、首都圏においても、十分な治水対策を行えば、総額で70兆円にも迫る未曾有の大洪水被害を限りなくゼロに近づけることもできるはずなのである。

こうした事情から堤防を高くする、河川敷を広げる、川底を深く掘るといった治水対策とともに議論されてきたのが、「ダムをつくる」ことだったのである。

そして、この「ダムをつくる」という対策が、実は極めて高い「治水効果」をもたらすのである。

この章の最初でも指摘したように、ダムをつくっておけば、大雨が降ったときの大量の水をせき止め、下流に少しずつ流していくことができる。

こうしておけば、堤防が決壊する危険性を大きく減らすことができる。

しかも、仮に堤防が決壊したとしても、街に流れ出す水の量を、大幅に減らすことができる。だから、ダムをつくっておけば、洪水被害が発生する「確率」を下げることができるばかりか、「洪水が起こった場合の被害」を小さくすることもできるのである。

つまり、治水を考える上で、「ダム」は大変力強い方法なのである。

こうした理由で計画されたダムの中の一つが「八ッ場ダム」だったのである。

八ッ場ダムに治水効果はあるのか?

これでようやく、「八ッ場ダムの治水効果は?」という問いについて考えることができるようになる。

おそらくは、八ッ場ダムについての報道に触れた読者の大半が、ここまでの議論を十分には知らなかったのではなかろうか。

八ッ場ダムの治水効果が必要なのか不要なのかを考えるためには、

第一に、「治水」とは何かを理解し、
第二に、「首都圏がそもそも洪水に弱い大都市である」という点を理解し、
第三に、「首都圏で洪水が生じた時には、数十兆円規模の未曾有の大被害が生じうる可能性がある」ということを理解し、
第四に、「治水のためには様々な対策がある」ことを理解し、
第五に、「その中でも特に『ダム』は、治水を行う上で非常に力強い技術である」
という点を理解しなければならないのである。
しかしこれらの論点の全てを国民が十全に知っていることを期待するのは、相当に難しいのではないかと思う。それほどに、八ッ場ダムの議論は単純なものではないのである。
ただし、以上の議論を踏まえれば、「八ッ場ダムなんて、無駄なコンクリートの固まりに過ぎない、とは、必ずしも言えないんじゃないか――」「やっぱり、八ッ場ダムも、必要なダムかもしれない――」と感ずる読者も、少なくないのではないかと思う。
しかし、八ッ場ダムをめぐる議論の中でしばしば取り上げられてきたのは、「八ッ場ダムの治水効果は低い」という議論である。例えば、民主党政権が誕生する以前の平成21年8月に、民主党の長浜博之氏・大河原雅子氏から上田清司埼玉県知事に対して、「八ッ場ダムストップに向けての民主党の方針への協力」を要請する手紙[*28]が送付された。その中には、次のように記

述されている。

「カスリーン台風によって利根川流域は大きな被害を受けておりますので、そのような大洪水への備えを十分にしなければならないことは言うまでもありません」

ここで言う「カスリーン台風」とは、終戦直後に首都圏を直撃し、大規模な被害をもたらした大型台風である。そして、阪神淡路大震災が日本の防災行政に大きな影響を及ぼしたように、首都圏の治水計画に多大な影響を及ぼした台風である。この一文には、「大洪水への備えが必要である」との認識が記述されていることから、本章でここまで論じてきた内容との間に乖離があるわけではない。

しかし、この一文に続いて、以下のような文章がみられる。

「しかし、八ッ場ダムは大洪水に対して役に立つダムではありません」

そして、その理由として以下の文章が続けられている。

「カスリーン台風の再来に対して八ッ場ダムの治水効果がゼロであることを国土交通省自らが明らかにしています」

この指摘は、確かに正しい。

例えば、平成20年の衆議院における質問主意書に対する政府答弁[*29]にて、カスリーン台風の時に、仮に八ッ場ダムがあったとしてもなかったとしても、利根川の洪水時のピーク流量は変わらなかっただろう、というデータを国交省が持っていることが示されている。

このように聞くと「それじゃあ、やっぱり八ッ場ダムには、洪水を防ぐ能力がないじゃないか」と思うかもしれない。

しかし、この国会答弁書には、次の一文が記されてもいる。

「なお、国土交通省において、昭和二十二年九月の洪水時（カスリーン台風）と同程度の降雨量で、同洪水時を含む過去に生起した三十一の洪水時の降雨パターンを基に、八斗島地点における流出計算を行った結果によれば、そのうち二十九の洪水時の降雨パターンについて、八ッ場ダムは洪水のピーク流量に対する調節効果を有している」

少々分かりづらい文章であるが、この文章の意味するところを、その背景となる情報も含めて、できるだけ簡単に解説してみよう。

まず、「カスリーン台風」は、非常にたくさんの雨が降った台風であった。当たり前のことであるが、八ッ場ダムが洪水を防ぐことが仮にできるとするなら、それは、八ッ場ダムの「上流」に大雨が降った場合に限られる。逆に八ッ場ダムの「下流」側にだけ大雨が降ったのなら、洪水を防ぐことなどできるはずもない。

事実、「カスリーン台風」が首都圏を直撃した時の降雨分布を調べてみると、たまたま、大雨が降ったのが八ッ場ダムの「下流」側だけだったようである。だから、国交省から「カスリーン台風の再来に対しては、治水効果はない」という答弁がなされたのであると思われる。

しかし、首都圏で過去に起こった洪水時は、八ッ場ダムの上流に大雨が降ったことももちろんあったわけである。ついては国交省が、「もし、過去に起こった31の洪水時の大雨が、いずれもカスリーン台風くらいの超大雨だったら」という計算をしてみたところ、実にその9割以上に相当する29の洪水時において、八ッ場ダムが治水効果を発揮したであろう、ということが示されたのである。

相当ややこしい話で恐縮であるが、これが、平成20年の衆議院での質疑のやり取りである。[*30]

要するに、当時野党であった民主党の議員からの「八ッ場ダムには、治水効果がないじゃないか」という質問に対して、政府は「確かにカスリーン台風そのものに対しては効果がなかったけれど、それはむしろ例外で、（八ッ場ダムの上流側での）おおよその大雨の洪水に対して、効果を発揮するんですよ」と答弁しているのである。

工学部の筆者からしてみれば、「要するに、八ッ場ダムには治水効果がある、ということなんだな、だから、この答弁でこの（治水効果の有無の）問題は一件落着だな――」と思える。

しかしながら、大変興味深いことに、その答弁があった「翌年」の平成21年、民主党議員から埼玉県知事に対して、先に紹介したように、「八ッ場ダムに治水効果なんてない」という主旨の手紙が送付されているのである。

ちなみに、「八ッ場ダムに治水効果がある、ということで、一件落着だな」という感想は、以上の国会のやり取りを追ってみた上で筆者が抱いた個人的な認識に基づくに過ぎないが、こうした判断は、東京、群馬、茨城の八ッ場ダムに関わる訴訟の裁判官の判断と同じものであったようだ。先に紹介した「利水」についての判断と同様に、各地裁において、「八ッ場ダムに治水効果がある」ということが明確に認められているのだ。つまり、少なくとも筆者が入手可能な情報の範囲では、「八ッ場ダムに治水効果がある」ということは、工学的にも、そしておそらくは司法的にも認めざるを得ないところとなっているようなのである。

水害から街を救う

以上、本章では、「八ッ場ダム」を特に取り上げ、「ダム不要論」について考えてみた。その過程で我々が見てきたのは、次のような事柄であった。

第一に、様々な局面で大量の水を必要としている現代社会は、実は、ダムなしでは安定的に存続できない、という「事実」。

第二に、我々の首都、東京は、カトリーナによる被害を遥かに上回る、未曾有の大水害に見舞われる危険性を常に抱えた、非常に脆い都市なのだ、という「事実」。

第三に、そうした大洪水の危機を回避するためには様々な対策が考えられるのだが、その中でもとりわけ、ダムをつくることは、被害が生ずる確率を低下させるだけでなく、堤防が決壊してしまった時の被害を小さくすることもできる非常に効果的な治水方法である、という「事実」。

第四に、特に首都圏の洪水については、その被害が甚大なものであるから、それに対する備えも入念に、多面的に実施することが必要であること、そしてその中の一つの対策として、八ッ場ダムをつくっておくことが一定の有効性を持つということが工学的に示されている、という「事実」。

もちろん、これらの「事実」を踏まえてもなお、「八ッ場ダムをつくらない」、あるいは「これからは全てのダムをつくらない」と言ってのけることは可能であろう。

しかし、そう言ってのけることが、本当に、国民の幸せな暮らしに益することなのかどうかについては、甚だ怪しいように筆者は思う。

八ッ場ダム、さらにはダム全般については、実に様々な意見が表明されているところであるが、少なくとも以上の「事実」を踏まえれば、次のような結論はそれなりの正当性、妥当性を持つように思える。

すなわち、

「もしも、我々が、我々の現代社会の日常生活の『持続』を求めるのならば、好むと好まざるとにかかわらず、『一定数以上のダムは、確かに必要なのだ』と言ってのけねばならない――」

という結論である。

もちろん、どこにどんなダムをつくるべきなのか、については、本章でも紹介した様々な技術的なデータ、そして、環境的な要因を踏まえながら、社会や自然への影響を十全に考慮しつつ、それぞれのケースごとに考えていくしかない。しかし、その検討に際しては、それがいかなるものであろうとも、「もしも一切のダムがなければ、我々は安定的に水を利用することができないのだし、洪水の危機に常に晒されることにもなる」、ということだけは理解しておかなければならない。

ただし、それらの全てを十全に理解してもなお、「ダムの有効性は分かった。しかし、私は安定的な水の供給も要らない。そして、万一ダムをつくらなかったせいで洪水になって、自分自身や家族の命がなくなろうとも、それを全て引き受けようじゃないか」という生き方もあるかもしれない。そこまで腹をくくってのダム不要論であるのなら、それは十分に議論に値するものではあると思うし、そういう論者とならば、ぜひ、いろいろと議論してみたいとも思う。[*31]

しかし、そこまで腹をくくった上でダム不要論を口にする一般の国民が、どの程度いるのかは、筆者には定かではない。

もしもそこまで腹をくくれないなら、ダムの建設についてほぼ何も知らないままに、単純に「不要だ」とか「無駄だ」とかと叫ばないことが、政治的な意見を口にする上でのマナーなのではないかと思う（それは、ほとんど何も知らないままに「ダム必要論」を叫ぶのがマナー違反であるのと同様である）。

例えば、平成12年の「東海豪雨」で愛知県の庄内川や新川で起こった水害は、被害額の総計が6700億円であった。しかし、もしも事前にきちんと治水対策を行っておけば、その被害額は1200億円程度で済んだだろうという試算がなされている。その治水対策費用は、71 6億円程度だったというから、その投資は、実に約8倍、5500億円もの投資効果をもっていたということとなる。

あるいは、平成15年に福岡を襲った「福岡豪雨」では、4639億円の被害があったようであるが、事前に553億円をかけて治水対策を行っておけば、その被害額はゼロにすることができただろう、とも推計されている。[*32]

これらの数値はあくまでも推計値であるから、実際にどうなっていたのかを断定的に論ずることはできない。

しかし、適切な場所に適切な「コンクリート」を、ダムや堤防という形で設置すれば、洪水の危険を減らしていけるのは間違いない。一旦洪水が起これば、我々の様々な財産が破壊され、多大なる被害が生ずる。そうであればこそ、首都圏にせよ中京都市圏にせよ福岡都市圏にせよ、そして、日本中のあらゆる街にせよ、どの程度の規模の洪水があり得るのか、そして、被害防止のためにどのような対策が必要とされているのかを見極め、それをきちんと事前に実施しておくということこそが、真っ当な判断であるに違いない。

いずれにしても、我々は（後に詳しく述べる巨大地震に対してと同じように）大洪水に対しても備えなければならないのである。

そんな巨大な危機が身近に迫っていても、目をつぶり、耳をふさいでいれば、ひとときの安心は得られるかもしれない。しかし、そんな臆病者は大火傷をして一生後悔するか、命を落とす他ない。

今の日本人の多くが、そんな臆病者に思えてならないのは筆者だけだろうか。

かつての日本人は、そこまで臆病ではなかった。様々な危機に対してしっかりと目を開き、耳を澄まし、最悪の事態を想像するだけの精神の力量を持っていた。

例えば、避けることができない災害から日本の首都機能を守るため、「首都移転」が議論されたりもした。しかし今や、一般の国民も知識人も政治家も、誰もそんなことに頓着しなくなった。[*33]

その一方で「コンクリート」をつくる公共事業が、何もかも、何やら悪いものであるかのような風潮が社会に滲透してしまった。そしてその風潮が、実際の政治を大きく動かすまでになってしまった。

しかし、「災害は、忘れた頃にやってくる」ものである。

コンクリートを使う「治水」のための様々な事業に、数百億円、数千億円の財源を使うことをためらっている内に、巨大な洪水が日本の各都市を直撃すれば、その被害はすぐに、数千億円、数兆円、さらには、数十兆円もの巨額の損失に結びつくのである。それはあまりにも巨大な代償ではなかろうか。

そんな巨大な代償を支払うリスクに晒されていながら、我々はいつまで目をつぶり、耳をふさぐ臆病者でいるつもりなのだろう――。

もし、そんな臆病者である自らの愚かしさを理解し、そのことを恥じ入るような国民が増えるなら、そういう者達は皆、耳を澄まし、目を見開き、「今そこ」にある危機をありありと感じ取るに違いない。そして公共に対する危機に備えるために真に求められる事業を、それが及ぼす様々な影響に十全に配慮しつつ、力強く進めんとするだろう。

6．日本は道路が足りない

「都市の中の交通」と「都市の間の交通」

第2章では、「都市の中」の暮らしと交通の問題について述べた。

そこでは、都市をより魅力的なものとしていくためには、都市の中から可能な限り「クルマを排除」していくことが必要であるということ、そして、そのために、環状道路や郊外駐車場、都市内の公共交通の整備など、様々な公共事業を進めていく必要がある——ということを述べた。

ひょっとすると、その議論だけを踏まえれば、場合によっては、

「なるほど、それじゃあ、クルマも道路もなくしてしまえばいいんだな。だから、道路なんてやっぱり、不要なんだな」

という、「道路事業・不要論」を想定される方々もおられるかもしれない。

しかし、「クルマを排除すべし」というような議論が成立するのは、人口が数十万人はいるような、ある程度の規模の「都市」の「都心」の話でしかないのである。

そもそも、それよりも規模が小さい市町村では、公共交通のネットワークをあちこちに張り巡らし、高頻度でバンバン運行することなどはできない。人口が少ない都市や地域では、そんな便利な公共交通をつくっても、利用する人が限られているのだから、経営を続けていくことができないからだ。

だから、そういう地域では、ある程度は、「自動車」を重要な手段として位置づけざるを得ない[*34]。事実、先の章でも繰り返し指摘したが、地方の都市では、平均で全ての移動の6〜7割程度がクルマでの移動となっている。

さらに言うと、「都市と都市の間の交通」についても、「クルマを排除すべし」とは安易には言うことができない。

第一に、クルマに頼らざるを得ないような都市から、他の都市への移動を考えた場合、やはり、ある程度は自動車のための道路が必要とされる。

第二に、私たちが日々スーパーや百貨店で買っている「モノ」の大半は「トラック」を使って運ばれてきているものである。だから、都市と都市との間の交通で「クルマを排除」してしまえば、日本中の人々が買い物一つ、まともにできなくなる、ということになってしまう。
だから、「都市間の交通」、さらに言うなら、広い範囲の地域や日本全体を見渡したときの「交通ネットワーク」を考える場合には、鉄道や航路だけでなく「道路」を考えることがどうしても求められるのである。[*35]

とはいえ、だからといって、「道路事業・不要論」が間違っているという結論を即座に導くことはできない。

例えば、もしも我々が「本当に必要な道路」の全てをつくり終えているのだとしたら、これ以上、道路をつくり続ける必要なんてない。そして実際、後でも詳しく述べるが、多くの国民がそのように思っているのが実態なのである。

ところが、こうした「道路事業・不要論」の是非はさておくとしても、多くのドライバーが「渋滞」の問題を何とかしてほしい、と考えていることは、疑いようのない事実である。

それでは、本章では、「道路事業・不要論」の是非を考えるためにも、まずはこの「渋滞」の問題が、われわれの社会や国にとってどんな意味を持っているのかを考えるところから、はじめてみたいと思う。

「渋滞による損失額は年間12兆円」って何だ？

洪水や地震が起これば、数千億円、数兆円、場合によっては数十兆円もの経済損失が生じてしまう、ということを耳にすれば、何となくイメージができるような気がする。洪水や地震でたくさんのビルや橋が壊れてしまえば、それを直すのに巨大な経費が必要であろうし、東京に本社がある大企業のビルがいくつも壊れれば、その企業の経済活動が停止してしまい、それによって巨大な経済損失が生じてしまうことも分かるような気がする。

しかし、次のような文章を目にしたときは、どうであろう？

「道路渋滞による損失額は年間約12兆円。四国全体のGDPに相当」

渋滞といえば、確かに鬱陶しいものである。しかし、だからといって、渋滞のおかげで、どこで誰が12兆円ものオカネを損しているというのだろうか？　しかも、その損失の合計が四国のGDPと同じと言われたって、それが一体どのようなものなのか、ピンと来るような人が、この日本にどれだけいるのだろうか――？

実はこの文言、国土交通省のホームページにある「道路整備の状況と課題」なる資料[*36]に掲載されているものである。

筆者は、道路計画についての研究を専門の一つとする研究者であるから、この12兆円という数字がどうやって計算されているのかを理解できる。[*37] しかし、その筆者ですら、地震や洪水による経済損失と違って、この12兆円という数字の〝意味〟を、直感的に「なぁるほど」と理解することは少々難しい。

渋滞の解消は、きわめて優先順位の高い国家的課題

ではこの12兆円という数字、実際のところ、どういう意味があるのだろうか?

この問題を考えるために、まずは「渋滞」というものが、我々にとってどのようなものなのかを考えてみよう。

筆者は、今はもうクルマを使わなくなったのだが、20代の頃までは本当によくクルマを使った。そして、あちこちで年がら年中、渋滞にひっかかった。そんな渋滞についていつもイライラして腹がたっていたので、大学時代の卒業論文や修士論文のテーマであった「渋滞解消」の問題にも、自ずと熱が入ったものである。今ではもうクルマを使わなくなり、そんな経験も無くなったのだが、当時を振り返ると「本当にあのころはつらかったなぁ」と、何だか嫌な過去を思い出すような気分になる。

そんな「渋滞についてのつらい過去」は、多くの他の「つらい過去」と同じようになかなか

上手に文章化することができないし、苦い思い出として心の奥底にしまっておくのが定番なのだろうと思うのだが、その「つらさ」について、何とも深く共感できる文章を、たまたま目にすることがあった。

深川峻太郎氏というフリーライターが、ある所でひどい渋滞にあってひどい経験をさせられた、という話である。この深川氏は、『キャプテン翼勝利学』なる、氏が愛する「キャプテン翼」という漫画にあらゆる角度からツッコミを入れる本を著したりしている方で、「SAPIO」という雑誌に「日本人のホコロビ」と題したコラムを連載している。その中で、大半の日本人が見過ごしている、普段の暮らしの中のごくごく些細な出来事に、鋭いツッコミを入れておられる（例えば、電車の中でリンゴを剝いて食べる日本人や、「ちげーよ」〈違うよ〉と口にする若者言葉だけは意味不明だから許せない……等）。そんなツッコミの場面の一つとして、渋滞について書かれている。

この深川氏、高速道路を使って甲府方面へ取材に行った時、行きは90分だったのだが、帰りに渋滞に巻き込まれ、4時間もかかったらしい。氏曰く――、

「ちなみに、渋滞で失われるのは時間だけではない。あれは、人から思考力も奪う。なにしろ私たちは、渋滞中に渋滞のことしか考えない。

渋滞は、なぜ起きるのか。そして、一体いつ終わるのか――。

と、考えても仕方のないことを延々と考えるのである。

（……）これはあまりにも不毛だ。びっしり並んだ数千台の車の中で、みんなが渋滞のことを考えながら渋滞する。何という知的浪費だろうか」


氏はさらに続ける。


「さらに悪いことに、渋滞について考えるのに疲れると、人はついに何も考えなくなる。すると目は虚ろになり、前の車の後ろ姿を飽きもせずにじっと眺め続けるだけだ。そのため、渋滞中の精神状態は、前の車の佇まいに大きく左右される。

先日の私の場合、かなり長いこと白いキャデラックの後ろ姿を睨んでいたが、あの車はブレーキランプのデザインが華やかなので、少しは気分も晴れた。だが、それが『野郎系のトラック』だったらどうか。無論そこには、『E.YAZAWA』の巨大なステッカーが全開バリバリに貼ってある。おまけに『男気』もしくは『喧嘩上等』とも書いてあるだろう。1時間も見つめていたら、間違いなく洗脳されて魂がヤンキー化してしまう。

もっとヤバいのは、前の車のナンバープレートだ。キャデラックのプレートに記された

『ぬ』の文字をじ〜っと眺めているうちに、私はふと、それが『ね』ではないかと疑うようになった。いったん目を逸らして見直すと、やはり『ぬ』なのだが、次に見ると『ね』に見えて仕方がない。まだ誰も指摘したことがないと思うが、『ぬ』と『ね』の区別がつかなくなるのが渋滞の怖いところなのだ。

『ぬ』だけではない。別の車の『た』なんか、一瞬『な』に見えたかと思うと、突如として『ナニ』とカタカナ2文字に分化し、さらにはどうしたことか『カニ』と読めるようにさえなった。渋滞中の道路上には、未知の危険な神経破壊物質が充満しているのではないかと思う。

このような錯乱状態が全国の車内で発生しているとしたら、これはもはや国難である。その精神的ストレスが国民の健康に与える悪影響は甚大だ。大量の排気ガスも撒き散らすのだから、煙草ごときに目くじらを立てている場合ではないだろう。それに、今よりも渋滞がひどくなったら、苛立った連中が路上でどんな事件を起こすかわかったもんじゃない。喧嘩上等。渋滞の解消は、きわめて優先順位の高い国家的課題なのだ」

このコラムを目にした筆者は、「渋滞に巻き込まれたつらい過去」をありありと思い出した。そして、「やっぱり渋滞は何とかせんといかんなぁ」という意を強くした次第である。

「渋滞の苦痛」をオカネに換算すると、12兆円になる

こんな「渋滞による精神的な苦痛」であるが、これを「損失額としてオカネに換算する」という方法が、一応ではあるのだが、技術的には開発されている。

簡単に言うと、「そんな苦痛から逃れられるなら、〇円払っても良い！」ということを調べるのだ。

例えば、先の深川氏の例なら、ひょっとすると、「こんな無駄な渋滞から逃れられるなら、1万円くらいなら、払ってもいいや」とお考えになるかもしれない。そうすると、その苦痛は深川氏に「1万円の経済的な損失」を及ぼしているということになる。

もちろん、「私はこの渋滞でも構わない、でも、100円で渋滞から逃れられるなら、100円くらい払ってもいいけど」という人もいるだろう。そういう人は「100円」ということになる。

だから、その金額は人それぞれである。

しかし、そんな人それぞれの金額を、1年間、全国の全てのドライバーについて足しあわせると、「渋滞の損失額」なるものを計算することができるのである。[*38]

実際には、その計算方法には様々なものがあるので、誰もが納得できるような形で「損失

額」を計算することは難しいのだが、一つの計算方法を用いると、冒頭で述べた「12兆円」という巨大な数字になるのである。

つまり、現代の日本人は、国民全体として、「渋滞が本当になくなるなら、年間12兆円くらいは払ってもいいいや」と考えているとも言えるのである。

日本の道路の環境は、先進国の中で最低水準

とはいえ、実際に「12兆円の予算を道路行政に投入すべきかどうか」、という議論がでたとたんに、「それは、多すぎるだろう、道路なんてもう要らないんじゃないか」という「道路事業・不要論」を唱える国民が多数を占めるのではないかと思う。

実際、筆者が平成20年に行った東京都民を対象としたアンケート調査では、「あなたは、政府・行政の道路事業の予算拡大を支持しますか?」という問いに対して、「はい、支持します」と答えた方が、なんと一人もいない(!)、というアンケート調査としては異例の結果が得られた。その一方で、実に8割以上の方々が「いいえ、反対します」と回答している。つまり、渋滞の解消に対する国民の思いはそれなりに強い一方で、少なくとも首都圏の国民は大方、「道路予算は縮小すべきだ」と考えているのである。

国民における、渋滞対策に対する思いと、道路予算は縮小すべきだという考えとの大きな隔

たりには、どういう原因があるのだろうか。

もちろん、その原因には様々なものが考えられる。例えば、昨今の財政状況や道路行政に対する不信感などがあろう。

それらの中でもとりわけ本質的なのが、「日本の道路はもう十分に整備されているんだから、これ以上、道路なんて要らないだろう」という「道路事業・不要論」である。

実際、本書の冒頭でも指摘したように、様々な雑誌や書籍などで、「日本の道路は世界トップレベルである」と主張されてきている。もしその主張が真実であるなら、確かに、これ以上道路をつくり続ける必要などないだろう。そして、多くの国民が、「渋滞は本当に鬱陶しいし、何とかしてほしいけれど、もう日本の道路は世界トップレベルに整備されてるなら、これ以上道路をつくっても無駄だろうし、渋滞も仕方ないことなのだろう。だから、ガマンしかないのかなぁ……」と、考えたとしても不思議はないだろう。

しかし——、である。

実際には、本書冒頭でも指摘したように、日本の道路のレベルは、世界トップレベルなどでは決して「ない」のである。

むしろ、「自動車1万台あたりの道路の長さ」は、先進国中最低レベルなのである（26ページの**図6**を参照されたい）。

しかも、日本の道路は、諸外国に比べて、圧倒的に「狭い」という事実もある。

例えば、アメリカ、イギリス、フランス、そして、韓国においては、4車線未満の高速道路は、全体の2～5％程度しかない。しかし、日本の場合、その割合は約30％にも上る。一方、「6車線以上の高速道路」に着目すると、日本は8％しかない一方で、フランス、ドイツ、韓国はいずれも20％前後もの水準である。イギリスに至っては、実に70％が6車線以上だ。[*39]

日本の道路は、都市「間」の道路の質が悪いだけではない。都市「内」の道路の質も、すこぶる低い。

例えば、都市内の「踏切数」に着目すると、パリやロンドン、ベルリンなどの欧州の主要都市では10～50カ所程度、ニューヨークでも122カ所であるが、東京23区の踏切数は、それらよりも格段に多く、実に673カ所もの踏切が都心にあるのだ。

いうまでもなく、踏切は渋滞の大きな原因であり、クルマを不便にしている最大の要因の一つである。

もちろん、こうした踏切を解消するには、「立体交差」が最も効果的だ。つまりは、現在、立体交差化されずに放置されている踏切が、東京には実に600カ所以上もある、ということなのだ。言うまでもなく、似たような状況は大阪や神奈川、愛知、兵庫、福岡などの都市部では、程度の差こそあれ、見られる。

以上、まとめてみよう。

日本は、クルマ1万台あたりの道路の長さが、先進諸国の中で最低水準である。

高速道路の車線数も、先進諸国の中で最低水準である。

さらに、「立体交差」化されずに、そのまま「踏切」として残されている箇所が、諸外国の中で断トツに多い。

つまり、「踏切が多くて、狭くて、しかも少ししかない道路を、大量のクルマが利用しようとしている」、それが、現在の日本の道路の実情なのである。

ドライバーは極端な渋滞に悩まされている

「踏切が多くて、狭くて、しかも少ししかない道路を、大量のクルマが利用しようとしている」としたらどうなるか——。

結論は、誰が考えても一つしかない。

「渋滞」である。

実際、我々日本人の誰もが毎日見聞きしているように、至るところで渋滞が生じている。そ

図13　主要都市のクルマの平均速度

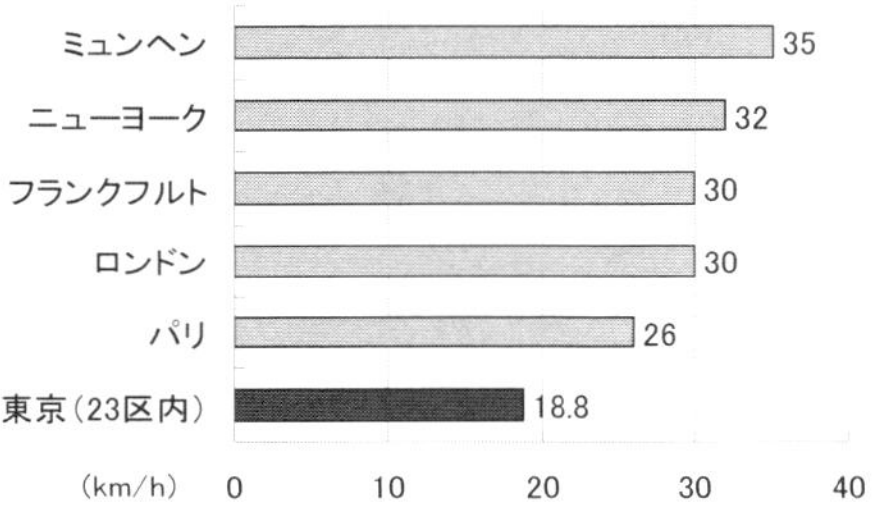

※東京都資料（http://www.chijihon.metro.tokyo.jp/）および、国土審議会第19回計画部会資料（平成19年1月）より作成。諸外国は、1995、1996年の数値。東京は、2005年の数値。なお、1994年の東京の数値は18km/h（道路交通センサスより）であり、2005年よりもさらに悪い水準である。

してドライバーは皆、トロトロとしか走れない状況に、毎日、悩まされている。

そしてあろうことか、渋滞が日常茶飯事であるが故に、多くのドライバーが「道路が渋滞するなんて、当たり前だ」とまで感じている節すらあるように思う。

しかし、「道路が渋滞してるのなんか当たり前」と大半のドライバーが考えている、というような国は、実は、先進国の中で日本だけなのではないかと思う。

いくつかのデータを、具体的に見ていくことにしよう。

図13をご覧いただきたい。これは、ロンドン、パリ、ニューヨーク、そして東京といった先進諸国の主要都市の、クルマの走行速度の平均値を示したものであるが、ご覧のように、東京が最低水

図14　自動車の、カタログ燃費に対する実際の燃費の割合

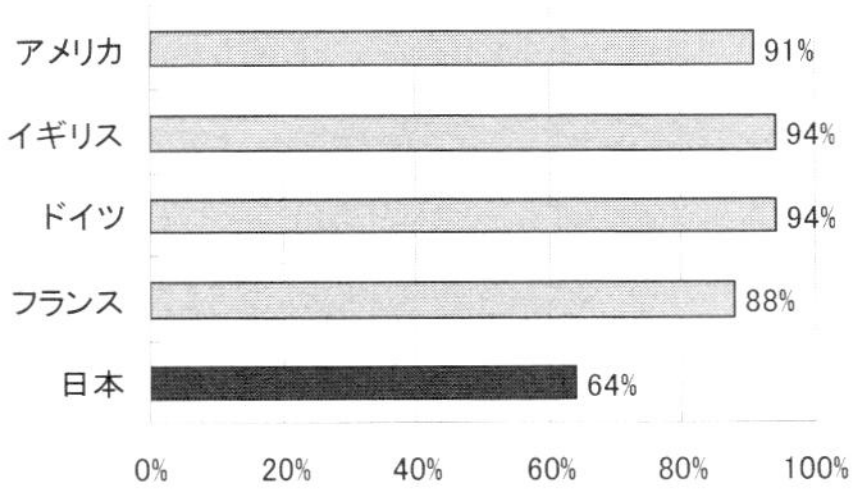

※出典　日本、乗用車の平均燃費実績値計算マニュアル（日本自動車工業会、2007）日本以外、Energy Use in the New Millennium: Trends in IEA Countries（IEA、2007）より作成

準であることが分かる。

こうした平均速度は、全国規模ではなかなか測定しづらく、直接的な国際比較のデータはなかなか見あたらない。しかし、間接的なデータとして、「自動車の燃費効率」がある。

クルマを持っている方なら誰しもご存知かと思うが、「カタログ」に書いてある燃費は、あくまでも「理想的な走行環境」での燃費であり、実際の道路上では、止まったり発進したり、トロトロ走ったりしなければならず、実際の燃費は結局はカタログの値よりもさらに悪くなるのが「当たり前」である。

実際、日本全国のクルマの「実際の燃費」は、「カタログ燃費」の3分の2以下の64％に過ぎない。

しかしこの「当たり前」は、実は日本だけのものなのである。いわばここでも「日本の常識は、

世界の非常識。世界の常識は、日本の非常識」なのである。

図14をご覧いただきたい。この図に示すように、アメリカ、ドイツ、フランス、イギリスといった先進諸外国の実際の燃費が、カタログの燃費の9割前後となっていることが分かる。

このことは、先進諸外国の自動車の走行環境がほぼ「理想的」な状況となっている一方で、日本の自動車の走行環境は、理想的な水準よりも格段に低い水準となっている、という可能性を意味しているのである。

つまり、アメリカ人やイギリス人やドイツ人やフランス人がほとんど経験したことがないようなノロノロ運転や渋滞を、そして、それに伴う精神的なイライラ感を、日本人だけが日々、経験しているであろうことを示唆しているのだ。

おそらくは、他の先進諸国のドライバーにしてみれば、クルマなんてわずかな例外を除いてスイスイ走るのが当たり前で、日本人が年がら年中感じている「渋滞の苦痛」などは、想像すらできないのである。

残念ながら、多くの日本人はこの「事実」をほとんど知らないのではないだろうか——。

「高速道路のネットワーク」はもう要らないのか

このように、いくつかのデータから、先進国の中で、日本人だけが格段に高い頻度で「渋

図15　制限速度が100km/h以上の道路のネットワーク図

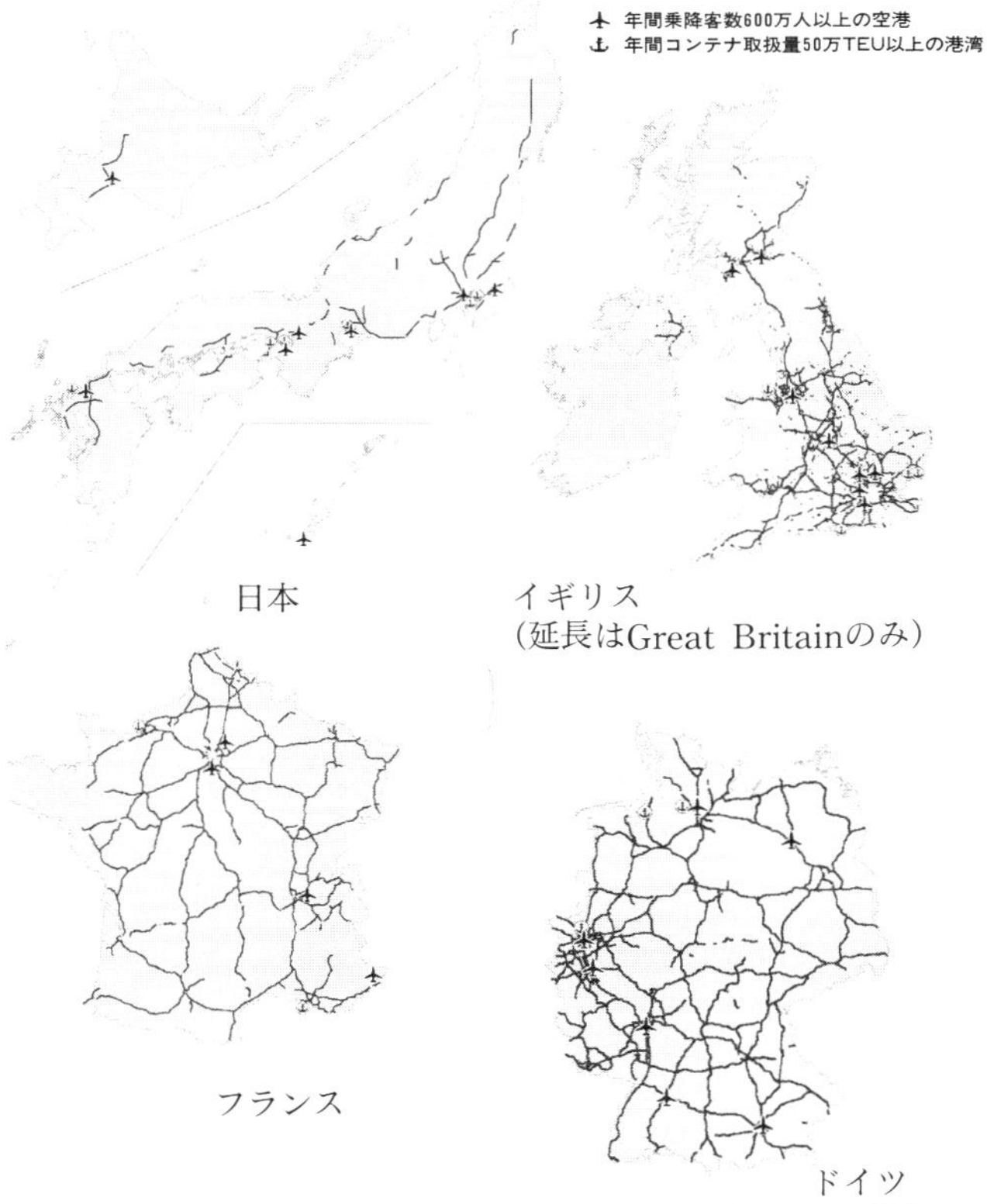

※出典：全国デジタル道路地図データベース標準/㈶日本デジタル道路地図協会/平成17年度　道路交通センサス/Tele Atlas MultiNet 2005/Transport Statistics 2005/The Highway Code, UK Department of Transport/Code de la Route/フランス設備省/Verkehr in Zahlen 2005/2006

滞」に苛まれている様子が見て取れるのだが、この「渋滞」の問題をさておくとしても、我々日本の道路事情は、諸外国から褒められるような水準にあるとは言い難い。

図15は、日本といくつかの国（日本と国土の面積がそれほど変わらない先進国であるイギリス、フランス、ドイツ）の「時速100キロ以上で走れる道路のネットワーク図」である。ご覧のように、図の中の日本の道路は随分少なく、「すかすか」な状況であることが見て取れるだろう。日本には、100キロで走れる道なんてほとんどなく、ネットワークと呼べるような形にはなっていない。しかし英仏独では、各地の都市が100キロ以上の高速道路で網の目のようにつなげられ、ネットワークが形成されている様子が見て取れる。

もちろん、この比較は、「日本では、高速道路のネットワークが、英仏独の3カ国よりも脆弱である」ということ以上を意味するものではない。したがって、ことによれば、「だからどうした？」という声も聞こえてきそうではある。

しかし、よく考えてみていただきたい。

少なくとも英仏独の3カ国では、100キロ離れた都市であっても、時速100キロの高速道路で1時間で行くことができる。クルマでそんな都市に出かけるのは、随分と「お気軽」なことなのである。だから、仕事が5時に終わって、そんな都市にちょっと出かけて、友人と食事でもしてその日のうちに帰ってくることだってできるのである（そういえば、筆者がイエテボリに住んでいた頃、120キロ以上離れた街から毎日クルマで通勤してくる同僚がいた）。しかし、日本で100キロ離れた都市に、気軽にクルマで出かけられるかどうか、少し考えてみていただきたい。

例えば東京から100キロと言えば、宇都宮や甲府あたり。そんなところまで仕事が終わってから食事でもしに、ドライブがてら、ちょっとクルマで出かけてみようとはついぞ思わないだろう。

あるいは大阪ならば、舞鶴や津や長浜あたりまで、アフターファイブの夕食に気軽にクルマで出かけてみようとは、誰も思わないだろう。

そんな夕食に出かけてしまえば〝ドツボ〟にはまってしまうこと、請け合いである。

高速道路の無料化が取り沙汰されている今日、ますます高速道路の利用者は増えている。その結果、高速道路はますます〝低速道路〟になってしまっている。だから、大阪から長浜あたりまで、あるいは、東京から甲府あたりまで、アフターファイブにクルマで出かければ、大渋滞に巻き込まれ、下手をすれば、目的地に到着するまで、冒頭で紹介した深川氏のように4時間もかかってしまって、着いたらレストランが閉まっていた、なんてことも十二分に想像できてしまう。

だから、多くの読者は、100キロ離れたところにクルマで食事をしにいくなんてことは、夢みたいな話であって、ナンセンスなことだ、と感ずるかもしれない。

「世界知らず」の日本人

しかし、少なくとも、フランス人やドイツ人やイギリス人は、高い水準の高速道路のネットワークのおかげで、そんなことが気軽にできてしまうのである。

何ともはや贅沢な暮らしだと思う。

にもかかわらず、多くの日本人は、現在、次のように思っているのではないだろうか。

「戦後、私たち日本人は、必死になって、欧米に追いつき追い越せとがんばってきた。そして、私たちは欧米に追いつき、今や、欧米と同じような豊かな暮らしをしているんだ」

だから、渋滞だって、「まぁ、仕方ない、こんなもんだろう」と思っているだろうし、100キロ離れた都市にクルマで食事に行くなんてことも「そんな贅沢、いらないだろう」と思っているのではないかと思う。

確かに我々は、終戦直後の時代よりも、あるいは、発展途上国と呼ばれる諸外国よりも、豊かな暮らしを手に入れた、と言うことはできるだろう。

しかし、先進諸外国の事情を見れば、実は、全くそんなことはないことが一目瞭然なのだ。少なくとも道路については、本章で紹介したいくつかのデータで示した通り、先進国中最低の水準にあるのである。

つまり、欧米の人は、我々よりも、まだまだ「豊か」な暮らしを享受しているのである。少なくとも、「クルマを利用する生活」という点に関しては、我々日本人よりも、ずっと豊かな暮らしを営んでいる。我々が手にした豊かさの水準など、まだまだ中途半端なものだったのだ（この点は、第2章で触れた通り、ヨーロッパに1年間留学した経験を持つ筆者としては、実体験として深く感じているところである）。

最近は日本経済の具合も余りよろしくないので、さして言われなくなったが、かつて日本人は、自らの国のことを「経済大国」と呼んでいた一方で、「生活小国」とも呼んでいた。

その背景には、いろいろな理由があるが、「生活小国」をもたらした大きな理由の一つが、「基本的なインフラの水準の低さ」にあったことを、そろそろ我々は認めた方がいいように思う。

少なくとも、「道路の整備水準」で見る限り、日本の道路は、人口が多い割には諸外国よりも狭く、踏切も多く、そして、なんと言っても「少ない」。だから、いたるところが渋滞だ。しかも、高速道路のネットワークも、昔よりはできてきたとはいえ、英仏独と比べれば貧弱なものでしかない。そのせいで、我々は、ドイツ人やフランス人やイギリス人が享受している快適性も利便性も享受していない一方で、渋滞のイライラに苛まれているのである。

もちろん、そんなことを百も承知で、「いや、でも、もう道路なんて要らないんだよ」と言うのなら、それはそれで大変結構な選択だろうとは思う。

しかし、もしも仮に、国民の大半がそんなことを百も承知したのなら、単純な「道路事業・不要論」は、世論の中で影を潜め、次のような冷静な議論が立ち現れてくるのではないかと思えてならない。

「全ての道路事業が不要なんてことはないだろう。我々の暮らしにとって、そして、我々の地域と国にとって求められる道路とは何なのか、じっくりと考えてみようじゃないか」

少なくとも筆者には、日本の道路をめぐる、今日の「道路事業・不要論」を基調とした世論が、こうした成熟した冷静なものだとは、全く思えない。だからこそ、世間知らずならぬ「世界知らず」な日本人が減って、諸外国との差をきちんと認識することができる日本人が増えるのなら、道路をめぐる世論も、もっと成熟した冷静なものになるに違いない——、と思えてならないのである。

国力に甚大な影響を及ぼす高速道路ネットワーク

本章ではここまで、日本の高速道路のネットワークが、先進諸国に比べて貧弱な点を指摘し、それが我々の日常の暮らしに及ぼしている問題点を指摘した。

しかし、高速道路のネットワークが貧弱であることの問題の本質は、「我々の自動車利用生活が不便になる」という点にあるのではない。それは、「日本の経済力、ひいては国力が弱体化してしまう」という点にこそ、ある。

高速道路ネットワークは、各国の「経済力」、ひいては国全体の力である「国力」そのものに甚大な影響を及ぼしているのである。

例えば、ローマ帝国は、２００年にも及ぶパクスロマーナ（ローマによる平和）を達成したが、その根源的な理由として、ローマ帝国が徹底的に「道路建設」にこだわったということが、『ローマ人の物語』をライフワークとする塩野七生氏によって指摘されている。

彼女は、ローマ帝国が近隣諸国を併合する度に、採算なんて度外視しながら徹底的に「道路」をつくり続けたことを明らかにしている。ローマ帝国は、帝国内のありとあらゆる地域を道路で結び、強力な道路ネットワークを構築した。そのネットワークの強力さは、「全ての道はローマに通ず」という有名な言葉からも窺い知ることができる。そして、その強力な道路ネットワークによって、それまでバラバラであった周辺諸国を「ローマ帝国」として、実質的に「統合」していったのである。

こうしてローマ帝国は強力な「統合性」「一体性」を確保し、それを基盤として、軍事力、政治力、文化力、そして経済力において、周辺諸国の脅威をいとも容易《たやす》く跳ね返すことができるほどの水準を確保し、それを通じて200年にも及ぶ「パクスロマーナ」を達成したのであった。

同様の戦略は、20世紀のドイツとアメリカも採用している。ドイツでは、「アウトバーン」と呼ばれる制限速度なしの超高速道路ネットワークを建設し、それが、ドイツの国力の大幅な増進をもたらした。さらには、現在世界一のGDPを誇るアメリカも、その強力な国力は、広大な全米を網羅する強力な高速道路ネットワークによって維持されたのであった。そして、IT時代を迎えた今日ですら、アメリカ政府は巨額の財源を投入しつつ、高速道路網を維持・拡大している。

凄まじい速度で高速道路をつくる中国

そして、高速道路ネットワークを構築する戦略は、21世紀の大国、お隣の中国でも進められている。

長らく資本主義経済を回避し続けてきた中国では、高速道路を建設することもまた長らくなかった。

そんな中国で最初の高速道路が開通したのは、ようやく1988年になってからであった。その後、しばらくは新しい高速道路の建設はほとんどなかったのだが、1993年から本格的な建設を始めた。

それからは凄まじい勢いで高速道路を建設し続け、2009年までのわずかな間に、実に6・5万キロもの強力な高速道路ネットワークの構築を終えている。

その建設速度は、半端なものではない。

例えば、2007年の1年間だけで、日本の高速道路全ての長さに匹敵する8300キロもの高速道路を建設している。つまり、日本が戦後何十年もかけて建設してきた高速道路のストックを、わずか1年でつくってしまったのである。

しかも、この6・5万キロの高速道路ネットワークは、中国が構想する高速道路ネットワークの一部にしか過ぎない。構想では、32万キロもの高速道路を建設する予定なのである。だから、中国の高速道路建設のピッチは未だ衰えることを知らず、ますますつくり続けている。

折しも2010年、はじめての高速道路が建設された上海で、万国博覧会が開催された。

その姿をみて、1970年の大阪万博を思い起こし、現在の中国に高度成長期の日本を重ね合わせた方も多いだろう。

当時、日本は新幹線を建設し、高速道路を建設した。そしてそれらを起爆剤として、日本の経済力、ひいては国力が大きく躍進したのだった。

つまり、日本でも、古代ローマやドイツ、アメリカと同じように、高速の交通網を建設することを通して、国力を大きく躍進させたのだった。

それと同じことが、今まさに中国で起きているのだ。

そして、少なくともGDPにおいては、日本は中国に追い抜かれ、世界第2位の地位を明け渡してしまった。

インフラを蔑ろにする現代の日本、そして、インフラをつくり続ける中国。この両者の力関係がこれからどうなるのか、政治的、経済的に様々な不確実な要素が存在するため、即断はできないが、国としての基礎体力たるインフラへの政府の対応を見るにつけ、日本の弱体化と中国の強大化は当面継続していくであろうことは十分に想像できる。

つまり、我が国がこのまま公共事業を軽んずる方針を続けていく限り、日本がアジア、そして世界の中で「陥没」し続けていくであろうことは、ほとんど避けられないことであるように思えるのだ。

高速道路と都市の力、国の力

しかし、なぜ、「高速道路」をつくることが、「一国の経済力」や「国力」にそれほど大きな影響を及ぼしているのだろうか？

実のところ、この点については、近年の経済学や土木計画学の中でも、十分には論じられてはいない。不思議なことに、上述のように、古代ローマ、ドイツ、アメリカ、そして、戦後の日本や現代の中国の経済力、国力と高速道路ネットワークの密度とを見れば、その両者の関係が明らかに存在しているであろうと想像されるにもかかわらず、である——。

実は、この点について筆者は、次のように感じている。

現代の経済学や土木計画学は、理論的には様々に発展してきたかに見えるが、「国」という単位に目を向けた分析や理論構築をお座なりにしてきたのではないかと思う。もちろん、グローバルという視点や、都市や地域という視点では理論的に発展してはいるのだが、どういうわけか、「国」あるいは「ネイション」という次元においてのみ、その分析は発展してこなかったのである。

しかし、例えばアダム・スミスの主著は『国富論』、すなわち「国」の富に関わるものであり、明確にネイションをその理論の中核に措定したものであった。アメリカ建国時に活躍したハミルトンも、明確に「ナショナリズム」を中心に据えた経済政策を展開しようとし、アメリカを世界一の超大国に君臨させる礎を築いた。そうした経済の考え方の系譜は、一般に「経済ナショナリズム」と呼ばれており、日本の学術史の中では十分に議論されてこなかったものの、経済にまつわる社会科学においては、重要な諸学者によって継承されてきたものである。*40

ただし、そうした経済ナショナリズムに関わる経済学、ひいては社会科学研究の中でも、とりわけ高速道路を含む「高速交通ネットワーク」と経済力や国力との関係について、理論的、実証的に仔細に分析された例は、少なくとも筆者の知る限り、ない。この問題は、これからの社会科学研究の中で重要な位置を占めるべきものと思われるが、ここでは簡単に述べておくこととしたい。

この問題は、一言でいうなら、これまでの経済学において、主として都市や地域について論じられてきた「集積の経済効果」と呼ばれるものである。これはつまり、交通が発展することで、商業的には「商圏」が拡大し、工業的にも「取引先」が拡大する、といった効果についての議論である。

これによると、有利な立地を求めて、様々な商業・工業主体、様々な人々が集まってきて、ますます都市が強くなっていく、というように議論される。

都市・地域と国とでは、条件が異なるため、この議論をそのまま国に適用することは難しい。しかし、高速道路と国土的統合の関係を考える上では、集積の経済の議論は、大いに参照できる。

　第一に、高速道路によって、各都市の企業の「企業力」そのものが向上する効果が期待される。

　そもそも、高速道路ネットワークがなかったり、そのネットワークに冒頭の深川氏のコラムで述べられていた「憂鬱な渋滞」がつきまとうなら、都市と都市の間が精神的にも、時間的にも分断されてしまう。たかだか数十キロ行くのに毎回2時間、3時間もかかってしまえば、そんな所に行く気そのものが失せてしまうだろう。

　ところが、渋滞のない高速道路があれば、そんな分断は起こらない。だから、それぞれの都市の「企業」は、様々な場所との付き合いを前提とした、いろいろな戦略を採ることができる。例えば、どこにいても様々な人やモノを迅速に集めたり、できあがった商品を機敏に国内外に運ぶことができる。そうなれば、その企業の競争力は必然的に向上する。さらには、増進した競争力を背景として、攻めの戦略、すなわち新しい商品開発やイノベーションに励むことが可能となり、ますます企業力をアップさせることができるのである。

　第二に、高速道路ネットワークによって、地域全体の「統合性」「一体性」が生ずる効果が期待される。

　渋滞のない高速道路ネットワークがあり、離れた所に気軽に出かけられるようになれば、様々な都市の間の、様々な交流が促進される。第一の点として述べた、企業と企業の間の取引が拡大する、というのもその一つであるが、それだけではない。例えば、職場においても、様々な都市居住者が集まり、それを通じて異なる都市間での交友関係が促進される。それは、結婚や親戚関係の密度の促進にも寄与するだろう。

あるいは、一つのお店に、より遠いところから人々がやってくる効果も考えられる。いわゆる「商圏が拡大する」というものである。そうなると、「商圏」という単位の一体感・統合性が生まれることとなる。

こうした商圏が拡大すると、都市と都市との間で「顧客の奪い合い」という形の「競争」が生ずることとなる。

この「競争」も、一つの立派な「関係」と言える。競争関係を含めた一切の関係がなければ、全く一体感や統合性は生まれないのは当然だろう。しかし、競争していれば、いつも互いが互いを意識することになるのだから、これもまた一つの関係だと言えるのである。

このようにして、渋滞のない、円滑な高速道路ネットワークがあることで、それぞれの都市が「一体化」していくと同時に、都市と都市の間の「競争」が発生していくこととなるのである。これは例えば、京都、大阪、神戸は、競争しながらも「関西都市圏」を構成している、という状況と同様である。

こうした「競争関係」と「統合関係」が同時並行的に進み、それを通じて、「地域全体の一体感」がより広範に増進して行けば、「太平洋ベルト都市圏」や「北陸都市圏」「九州北部都市圏」等のより高い次元（メタレベル）での都市圏が形成されていくことにも繋がるだろう。さらには、そうした「メタレベル」での圏域同士が交流と競争を繰り返すことで、国土全体の統合性が進んでいくことも十分に考えられるだろう。

このように、高速道路のネットワークは、こうした地域や都市の統合において、重要な役割を担い得る、一つの重要な要素であると考えられるのである。

第三に、こうした統合性が高まれば、最終的には「心理的な統合性」が醸成、促進されることも期待される。

典型的な例として、しばしば「関西人」や「九州人」といった言葉を耳にするが、こうした言葉は、関西や九州といった一つの地域全体に対する、ある種の「帰属心」や「愛着」と表裏一体であろうと思われる。そして、こうした感覚は、地域全体がある程度「一体化」しているイメージがなければ生じるものではない。だから、そうした地域全体への帰属心や愛着が、高速道路ネットワークの第二の効果として指摘した「一体性」「統合性」の増進によってもたらされる可能性が考えられるのである。

つまり、それまではバラバラに我が町、我が村のみを大切にし、「関西」や「九州」、ひいては「国」といった次元に対しては「そんなの関係ないね」と何ら協力をしなかった人々が、高速道路等によって様々な意味での統合が進んで行けば、都市、都市圏、国といったものに、ある種の愛着を抱くようになるものと思われるのである。

そうなると、人々は、自分個人だけでなく、都市や都市圏、そして国に対し、さらに協力的に振る舞うようになることも考えられるであろう。その結果、都市、都市圏、国が、それぞれ「力」を付け、繁栄していくということも、十分に想像することができるのである。[*41]

このように、高速道路のネットワークは、都市・地域と都市圏、そして国土の統合をもたらし、それを通じて、我々の住まう社会全体の豊かさの増進に大きく寄与しうる潜在的な力を持っているのである。

もちろん、そうした地域的、国土的統合を、高速道路のみで達成する必要はない。新幹線ネットワークや航空ネットワーク、航路ネットワーク等が担うべき役割も大きい。しかし、とりわけ企業力に直結する「物流」に関しては、道路でしか担えない側面が大きい。そうである以上、地域的、国土的統合において、高速道路ネットワークの構築は必要不可欠である、といっても過言ではないのである。

「道路」についての、冷静な議論を

以上、高速道路の整備は、地域の力、都市の力、ひいては国力そのものの増進に繋がる——、という可能性を論じた。もちろんこれはあくまでも、筆者の一つの試論にしか過ぎない。したがって、その評価は、読者の判断に委ねられている。

しかし、例えばお隣の中国は、現在の日本の高速道路の総延長分を毎年つくり続ける、というほどの壮絶な道路建設プロジェクトを推進しているが、その背後には、以上に述べた「バラバラな中国各地の統合と、それによる中国全体の経済力と国力の躍進」という、巨大な構想が控えているのは、間違いない。

そもそも高速道路網は、一旦つくってしまえば、メンテナンスの費用こそ必要とはされるが、その後何十年、何百年と使い続けることができるのだ。

それが「ストック」というものであり、毎年毎年使い切ってしまうことが前提となっている「社会保障」とは、全く異なるオカネの使い道なのである。

だから、一旦つくってしまえば、その後多少経済が傾き始めたとしても、その「ストック」が国の経済力を、国力を支え続けることができるのである。

ところが、ストックを持たぬ国は、一時の繁栄を迎えたとしても、一旦経済が傾き始めれば、坂を転がり落ちるように、没落していく以外にはない。

80年代に栄華を極めた日本経済が、今まさに、坂を転がり「始めた」のではないか、と直感している読者は、少なくはないだろう。そして、ここで踏ん張れるのかどうか、それともこのまま転がり「続ける」のか——、現代の我々はその分岐点に立たされているのかもしれない。

もちろん、高速道路ネットワークをつくるかつくらないかの決断が、日本経済の未来をどれくらい左右するものなのかは、断定的に語ることはできない。

しかし、国家間の競争が激化する一方の今日、日本の基礎体力の増進を考えていくことが不可欠であることは間違いない。そして、高速道路ネットワークと、そのネットワーク上の渋滞の解消と円滑化が、そのために一定以上の役割を担うこともまた、間違いない。

そうである以上、一人でも多くの国民や政治家が、軽々しく「道路事業・不要論」を口にする前に、少なくとも一度は冷静で客観的な議論に耳を傾けた上で、あるべき日本の道路のかたちを論ずるようになることが必要なのではなかろうか。そうした成熟した議論なく、ただただ、道路政策を縮小させていくばかりでは、明るい日本の展望が開けるとは到底思えないのである。

7.「巨大地震」に備える

地震から「絶対に」逃れられない国、日本

これまで、都市のインフラや橋・道路、港やダムなどに関わる様々な「公共事業」について論じてきた。

しかしそれらの議論の中でも、こと日本においては特に重要であるにもかかわらず、十分に論じていない大問題がある。

それが「地震」の問題である。

日本は、文字通り、世界一の地震大国である。

例えば、米国地質調査所（USGS）が発行している統計値によると、世界で生ずる全地震のおおよそ「1割」が日本で発生しており、マグニチュード6以上の大きな地震に限るなら、実に約「2割」もの地震が日本で発生していると言われている。

なぜ、日本でだけ、これだけ多くの地震が起こるのだろうか。

ここではまず、その理由についてごく簡単におさらいしておこう。

日本が地震大国であるのは、日本近海に実にさまざまな「プレート」が存在しているためである。

ここに言うプレートとは、地球の表面を覆う、厚さ100キロほどの岩盤のことである。地球には大きなプレートが14枚あり、これらが少しずつ「動いて」いることが知られている。

そして、日本近海には、この14枚のプレートの内、実に4枚ものプレートがある。[*42] これらのプレートはそれぞれ動いているのであるから、プレート同士がぶつかり合う「境目の部分」では、毎年、徐々に「ひずみ」がたまっていく。

そのひずみは、1年でおおよそ数センチずつたまる。したがって、これが100年も続けば「数メートル」の規模になる。

こうしてたまった数メートルのひずみは、「定期的」に、一気に「バネ」のように弾けることとなる。

これが、我々が「地震」と呼ぶ現象である。[*43]

もちろん、そんな地震が「いつ」起こるのかを正確に予想することは、簡単ではない。

しかし、確実に言えることが、一つある。

それは、それがいつなのかは分からないとしても、「そのうち確実に起こる」ということである。

ここに、地震の恐ろしさがある。

我々日本人は、日本に住んでいる限り、地震の恐怖から逃げ出すことはできないのである。それは、いつか確実に、絶対に、起こるものなのである。

想像を絶する被害をもたらす「首都直下型地震」

では現在、どんな巨大地震のおそれがあるのだろうか？

この問題については、様々な大学や政府の研究機関、研究者が長い間取り組んできた。

政府はそうした科学的な検討結果をとりまとめる会議として、専門の研究者から構成される「中央防災会議」というものを設置している。以下、この中央防災会議の報告資料に基づいて、どういう地震被害が考えられるのかを見ていくこととしよう。

まず、この中央防災会議にて指摘されている地震の中でも代表的なものが、首都東京で想定されている「首都直下型地震」である。

言うまでもなく、首都東京は、世界一の大都市圏である。

その圏域人口は3500万人を超え、第2位のジャカルタ都市圏の約2200万人を遥かに上回る。

そして、都市経済の規模も文句なく世界一である。

首都圏内だけのGDPを算定すると、おおよそ1兆6000億ドル、日本円にして170兆円（2008年時点）である。これは、スペインやブラジル、韓国やインド、あるいはG7の一員であるカナダ等の「一つの国」のGDPを軽く上回る。

これだけの大都市を、先に述べた地震発生のメカニズムによる大地震が襲うことが「ほぼ間違いないこと」であることが知られている。

事実、我々は1923年の関東大震災を経験しているし、元禄時代にも大地震が起こった記録が残されている。

問題は、それが「いつなのか」ということである。

もちろん、その時期を正確に予知することは難しい。

しかし、中央防災会議での様々な検討を通して、これから30年の間に、マグニチュード7クラスの地震が起こる可能性は70％である、というところまでは明らかにされている。[*44]

マグニチュード7クラスの地震とは、我々が1995年に経験した阪神淡路大震災と同程度のエネルギーを持つ地震である。

つまり、これから30年の間に、阪神淡路大震災クラスの地震が、世界一の大都市東京を襲う可能性が、実に約7割だというのである。このことは首都を直撃する大地震が、今日明日にでも起こっても何も不思議ではない、ということを意味している。

では、その被害は、どの程度となるのだろうか。

まずは、阪神淡路大震災を例にとって考えてみよう。

阪神淡路大震災の際には、6434名もの人命が奪われ、約11万棟が全壊・焼失した。そして、経済的な損失は14兆円にも上ると試算されている。[*45]

こうした数字だけを見ていても、ピンと来ないかもしれない。しかし、今から15年前の震災であるから、当時、それぞれがそれぞれの立場で受けた衝撃をよく記憶している読者も多かろうかと思う。

しかし先にも指摘したように、首都圏はその人口規模も経済規模も、段違いに大きい。それ故、その被害も、阪神淡路大震災で我々が記憶している被害を大きく上回るものとなることは確実である。

中央防災会議は、首都直下型地震について、いくつかの条件を設定しながら、様々な被害想定を行っている。

まず、建物が受ける被害について、最悪で約85万棟が全壊・焼失するであろうと試算されている。そして、死者は約1万1000人に上るであろうことも試算されている。

その時の経済損失は、実に112兆円にも上るとの試算もなされている。[*46]

しかし、こうした数字を見聞きするだけでは、その未曾有の被害の大きさに未だピンと来ないかもしれない。

その112兆円という数字は、例えば、阪神淡路大震災の経済損失と比較するなら、おおよそ8倍にも上る。

あるいは、我が国の国家予算と比べてみてもよい。

我が国の国家予算は、おおよそ90兆円であるから、それを軽く上回る水準なのである。

このことはつまり、我が国において最も巨大な財源を持つ「日本国政府」ですら、全ての活動を停止して震災復旧のみに全財力を投入しても、単年度では復旧できないほどの、我々の想像を遥かに上回る未曾有の大損失であることを意味している。

いつ起こってもおかしくない東海・南海・東南海地震

以上に述べたのは、東京の地震である。そのため、それ以外の地域の人々は、「人ごと」のように思えるかもしれない（むろん、首都東京の経済が麻痺すれば、その影響は全国民的に広がるのは間違いないのだが）。

しかし、地震大国日本で、今最もおそれられているのは、この首都直下型地震だけではない。

四国と和歌山を襲う「南海地震」、三重や愛知を襲う「東南海地震」、そして、東海地方を襲う「東海地震」の発生が、それぞれ危惧されている。
そして恐ろしいことは、これらの地震がそれぞれ独立して起こるのではなく、全て「同時」に起こることすら危惧されている「超巨大地震」だという点である。
これまでの研究で、四国から東海までの約600キロもの地域の沖合には、プレートがぶつかり合うプレートの境目があること、そして、そこで起こるひずみが一気に解放されることで生ずる超巨大地震が、おおよそ90～150年の間隔で発生していることが分かっている。
地震のパターンには、上述のように、全て「同時」に起こるものもあれば、南海地震、東南海地震、東海地震がそれぞれ「個別」に起こる場合もある。そして、いずれのケースにおいても、その地震の規模はマグニチュード7を超え、8に達することもあると予想されている。
さて、こうした地震がこれから30年以内に発生する確率であるが、それぞれについて以下のように試算されている。
「東海」地震　87%
「東南海」地震　60～70%
「南海」地震　60%
このように、東海地震にいたっては、おおよそ9割の確率で発生することが予想されているのである。なぜなら、これらの地震の周期は、おおよそ90～150年であるが、「東海地震」

が起こったのは、実に今から150年以上前のことだからである。つまり、東海地震こそ、本当に今日明日にでも起こるのではないかと危惧される地震なのである。

さて、これら東海・南海・東南海地震が、我々にとって恐ろしいのは、日本の経済の中心である「太平洋ベルト」の各都市を直撃する地震だからである。

特に、これらの地震は海洋型の地震であるから、揺れによる倒壊やその後の火事による被害に加えて、巨大な「津波」が発生することによる被害も予見されている。

したがって、その損失も甚大なものとなることが予想されるのである。

例えば、中央防災会議では、東海・南海・東南海地震が同時に発生した場合、その経済損失は、最悪で81兆円に上ると試算している。この数値は、先に述べた首都直下型地震を下回るが、それでもなお日本政府の国家予算と同規模なのである。

そして、その際の死者数は約2万5000人、全壊・全焼の建物は、約94万棟に上るであろうことが予想されている。こうした被害は、首都直下型地震を大きく上回るものである。

日本は、どこも危ない

さて、こうした首都圏や太平洋ベルト以外の地域でも、北海道の根室沖地震や九州の安芸灘〜豊後水道地震などの発生が予想されている（30年以内の発生確率は、ともに40%）。また、東北地域においては、三陸沖北部地震、宮城県沖地震がそれぞれ予想されている。三陸沖北部地震の30年以内の発生確率は90％、宮城県沖地震に至っては99％と予想されているのである。

こうした「発生確率」だけを聞いても、やはりピンと来ないかもしれない。しかし例えば、今後30年間で交通事故で死亡する確率がどれくらいかご存じだろうか？

それはわずか0・2％である。

死亡することはなくても、交通事故で軽いけがをすることなら、もっと確率は高いに違いないが、それがどの程度か、ご存じだろうか。

それでも、わずか24％に過ぎないのである。

あるいは、我々は外出する時に鍵をかけるが、それは「空き巣」に入られることが十分にあり得る、と考えているからだ。

しかし、これからの30年で空き巣に入られる確率は、わずか3・4％にしか過ぎない。

我々は、例えば家族同士で「交通事故に気をつけなさいよ」「きちんと、鍵をかけた？」等と互いに声をかけながら、交通事故や空き巣の可能性に配慮して生活している。

しかし我々は、交通事故で死亡したり、空き巣に入られたりする確率よりも格段に大きな確率で、大地震に遭遇する危険に、さらされているのである。

実際、防災科学技術研究所の分析によると、北海道の北部や東北、中国地方の日本海側などの一部を除き、日本国内のほとんどの地域において、今後30年の間に大きな地震の揺れに遭遇する確率は、26％から100％の間の水準なのである。[*47]

建物の「耐震化」こそ最善の策

それでは、これから避けることのできない、こうした大地震に対し、我々はどのように備えるべきなのであろうか。

第一に挙げられるのが、建物の「耐震化」である。つまり、建物そのものを、地震の揺れで壊れないように「補強」する手術（あるいは新築）をするわけである。

例えば、阪神淡路大震災の時に亡くなった人の約4分の3、つまり4人のうち3人までが、耐震化を行っていない建物が壊れたことによって圧死したということが報告されている。[*48]

このことはつまり、大規模な地震がやってくるであろう首都圏や東海地域の建物の耐震化を行うことで、大地震の被害を大きく軽減できることを意味している。

例えば、中央防災会議の議論を踏まえると、最悪で「約200兆円」にも上る首都直下型地震や東海・南海・東南海地震の被害総額が、適切な耐震対策を行うことで、半減できるであろうと指摘されている。

ただし、そのために必要な財源は、その被害総額の10分の1の、約20兆円であると見積もられている。[*49]

考えていただきたい。

20兆円といえば、国家予算の4分の1近くにも上る膨大な額である。しかし、それによって100兆円もの損失を軽減させることができるかもしれないのである。

この問題は、例えば、東京に住んでいる一般的な世帯が、自分の家の耐震補強をするかどうか、という問題になぞらえて考えると分かりやすい。

東京に住んでいれば、直下型地震に30年以内に襲われる確率は70％であるし、東海・南海・東南海の同時「超巨大」地震が起こる確率も数十パーセント程度ある。

この時、800万円の収入のある世帯で、たかだか収入の「4分の1」の200万円をかけて我が家に耐震強化を施すか否か、という問題をお考えいただきたい。しかも、それらの巨大地震のいずれかが起これば、その被害は2000万円程度にも及ぶことも予想されている、というような状況である。

この場合、少々無理をしてでも200万円を使って、一気に耐震のための工事をやってしまう世帯は、決して少なくはないだろう。

仮にそんな出費が難しかったとしても、例えば年間20万円ずつ、10年間で200万円を捻出し、10年後までにきちんと耐震補強を行うというプランを拒否するような世帯は、あまりないのではなかろうか？

このような話に同意いただけるとするなら、国家予算が90兆円の日本国政府が、その「4分の1」近くの20兆円をかけて、ほとんど確実に起こるであろう首都直下型地震や東海・南海・東南海地震への対策を行うことは、いたって「合理的」な「当たり前の判断だ」と、ご理解いただけるのではないかと思う。

「人」が死ぬことを防ぐ「コンクリート」は不要なのか

こうした事情をふまえ、我が国政府は、中央防災会議の議論を受けて、ここ何年もかけて、様々な対策の準備を進めてきた。

具体的には、建築基準法における「耐震基準」が改定され、かつてよりも地震に強い建物しか建てられないようになっている。しかし、これでは「新しい建物」が地震に強いだけで、それ以外の膨大な数に上る既存の建物は、地震がくれば、やはり壊れてしまう危険性が高いまま放置されることとなる。

したがって、既に建てられている建物を、少しずつ耐震強化していくことが必要なのである。そこで政府は、「地震防災戦略」をつくり、全国の建物の耐震化の促進を図ろうとしている。そして、そのために先に述べた20兆円にも上る予算の多くが必要とされるのである。

耐震強化を行うべき建物には、もちろん住宅や商業施設も含まれるが、たくさんの人々が利用する重要な建物から緊急に対策を進めていくことが必要である。そうした重要な建物としては、例えば、子ども達が通う「小中学校」が考えられるであろうし、たくさんの人々が利用する「運輸・交通施設」も考えられる。

しかし、残念ながら、こうした施設に対する耐震対策は、現在、大きな後れをとっている。

例えば、小中学校の耐震強化については、麻生政権下の平成21年度には約2800億円の補正予算が予定されていた。そしてその予算で、全国の小中学校の、約5000棟の耐震化工事を行うことが計画されていた。しかし、民主党政権が進めるいわゆる「事業仕分け」によって、その予算が3分の1程度の1000億円にまで削減されてしまった。このために、耐震化が遅れる小中学校の建物が、2800棟程度に上るのではないかとも言われている。[*50]

また、都市を支える運輸施設である都市高速道路についても、平成21年度の補正予算で、首都高速道路、阪神高速道路を対象として1211億円をかけて耐震化することが予定されていたのだが、同じく民主党政権成立直後に、とりやめとなってしまった。

いうまでもなく、こうした民主党政権の判断は、「コンクリートから人へ」の考え方を踏まえてのものである。

しかし、皮肉にも、「コンクリートから人へ」の転換によって、ほぼ間違いなくいつかどこかで生ずるであろう巨大地震によって失われる「人」の命の数を、増加させてしまうことは避けられない。

そもそもこの現代文明社会の中では、「人」は「コンクリート」の中で、「コンクリート」に守られつつ暮らしている。

この現実を忘れて、地震防災などできるはずもない。「コンクリート」を適切に強化することを通じて、はじめて我々は、弱々しい存在ながらも、巨大地震という自然の猛威に対して立ち向かう術を得ることができるのである。

事実、我々はその危機に立ち向かうための「技術」を持っている。阪神淡路大震災以降、耐震のための土木技術、建築技術は大きく進歩している。そして、我が国は経済不況の現時点においてもまだ、他国には真似のできないほど大きな「財政力」を持っている。

今足りないのは、そうした「技術」や「財政力」をもってして、強力に耐震強化を図ろうとする「政治判断」だけなのである。

言うまでもなく、地震が起こってから後悔しても、もう遅い。

例えば、18世紀に世界を〝支配〟していたポルトガルの首都リスボンを、「リスボン大地震」（1755年）と呼ばれる巨大地震が襲った。死者は6万人に上り、火災と津波によって、街は廃墟と化した。その結果、ポルトガル経済は大打撃を受け、世界一の大国の座から凋落するきっかけとなってしまった。

それから250年以上が経過し、地震に対する技術力も財政力も格段に高めた、現代の日本。しかしその技術力も財政力も、地震に立ち向かう「政治判断」が不在のままでは、単なる宝の持ち腐れになってしまうことは避けられない。

巨大地震に襲われたその時には既に、我々は200兆円規模の経済損失を被っているのかもしれないのである。

その時になっていくら震災復旧のための公共事業を推進しようにも、日本の経済力の中心たる東京そのものが壊滅しているなら、復旧のための公共事業を強力に推進する国力を、我が国は既に失っているかもしれない。そして、日本は、かつてのポルトガルのように、世界史の中で没落していくこととなるのかもしれない。

「コンクリートから人へ」をマニフェストに掲げていた政権が日本の政治を動かしている今こそ、こうしたリアルな現実を、一人一人の国民が直視すべきなのではなかろうか。そして、巨大地震にも壊滅されない強い都市をつくるための公共の事業を強力に推し進めていくことのリアルな必要性を、認識しなければならないのではなかろうか。

8. 日本が財政破綻しない理由

借金まみれの日本政府に公共事業は無理？

本書はここまで、「公共事業が必要なのか、不要なのか」という問題について考えてきた。そして、橋がバタバタと落ちるのを防ぐためにも年間2兆円程度の規模の財源が必要であるし、ダムや大規模な港をつくるためにも、それぞれ数千億円の予算が必要であることを指摘した。あるいは、文化的に優れた豊かな都市をつくり、地震に強い都市をつくるためにも、それぞれの都市について数千億円から数兆円、あるいは東京なら数十兆円規模の予算が必要であるということを論じてきた。

しかし、仮にこうした議論に多くの国民が賛同したとしても、次のような意見は根強く残るのではないかと思う。

「いろいろな公共事業が必要なのは分かる。でも、景気の低迷にあえぎ、そして、借金まみれになってしまったこの国には、もうそんなお金は、どこにもないじゃないか――」

実際、政府の「税収」は、昨今の不景気でどんどん少なくなってきている。その一方で、「借金」は、毎年、増えていく一方だ。

例えば、**図16**をご覧いただきたい。これは、過去2年間の国家予算の「収入」の内訳である。この図の右側に示したように、平成22年度の国家予算は約92兆円であるが、そのうち、税収で賄われているのは、その4割の37兆円に過ぎない。その一方で、公債、つまり（誰かから借りてきてその内、返さないといけない）「借金」は、それを上回る44兆円にも上っている。つまり、今の日本の国家予算は、約半分を「借金」に頼っているのである。

しかし、この図の左側に示した、自民党政権下につくられた平成21年度の予算では、まだかろうじて税収の方が借金よりも多かった。税収は収入の半分以上を占めており、借金は3分の1を上回る程度だったのである。

平成21年から22年にかけて、こんなにも借金に頼る財政になってしまったのは、一つには、税収が大幅に落ち込んでしまった、という背景がある。

税収が減ってしまったのは、日本経済が、深刻な不景気に悩まされているからである。不景

図16　国家予算の収入の内訳

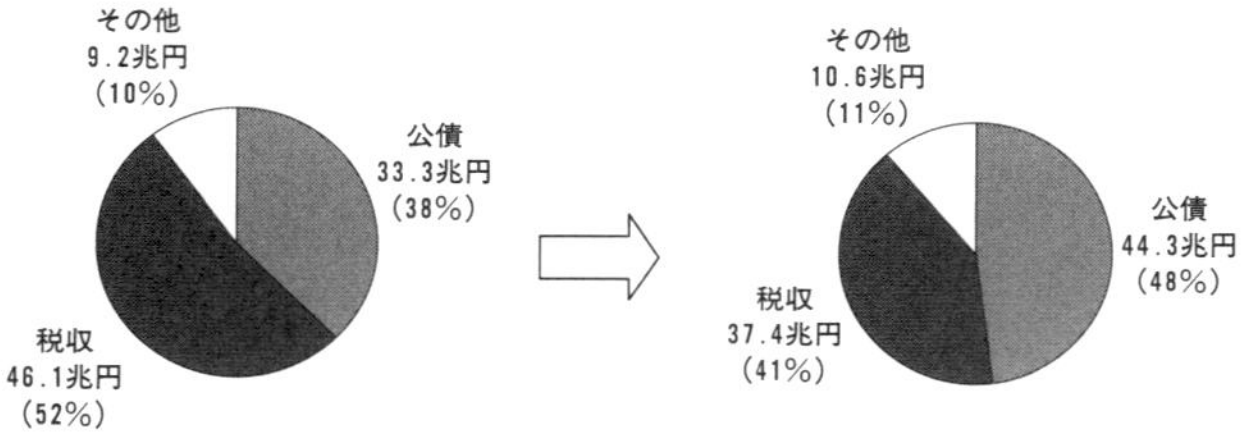

国家予算88.5兆円
（平成21年度）

国家予算92.3兆円
（平成22年度）

気であれば、みんなの収入が減り、所得税が減ってしまうし、みんなの収入が減れば買い物をしなくなり、消費税も減ってしまう。その結果、日本政府の税収は、たった1年で、9兆円も減ってしまった。

その一方で、平成21年に誕生した民主党政権は、選挙の時に掲げた「マニフェスト」を実現しようとして、相当無理な予算を組んでしまった。その結果、税収が9兆円も減っているにもかかわらず、国家予算そのものは92兆円という水準にまで膨らんだ。だから仕方なく民主党政権は、足らないオカネを「借金」で賄おうとした。だから、その額は、平成21年から11兆円も増えて44兆円にもなってしまったのである。

結果として、図に示したように、借金が、収入の約半分を占めるような状況になってしまった。そして、こんな「借金」を繰り返しているうちに、その累計が、実に900兆円近くにまで膨らんでしまったのである。

こうした状況は、しばしば次のような形で、報道されている。

国の借金最悪８８２兆円。国民１人６９３万円

財務省は10日、国債と借入金、政府短期証券を合わせた国の債務残高（借金）が平成22年3月末時点で８８２兆９２３５億円となり、過去最大を更新したと発表した。この10年あまりで倍増した計算になる。国民１人当たりの借金も過去最悪の約６９３万円となり、７００万円の大台に迫った。（２０１０年5月11日付産経新聞より）

「過去最悪」だの「1人当たり６９３万円の借金」だのといった、おどろおどろしい文句を定期的に見せつけられていては、多くの国民が、

「早く借金を減らさないと、その内、日本はエライことになってしまう――」

と不安な気持ちになるのは仕方ないだろうと思う。

「日本政府は破綻する！」とあおる、ニュース報道

こうした新聞よりもさらに過激な報道を繰り返しているのが、テレビだ。

上記の新聞で報道された内容を取り上げたニュース番組の一つ（２０１０年5月10日放送

分・TBS『NEWS23X』）を、たまたま目にしたので、その内容をご紹介しよう。
その番組の見出しのテロップには、

「国の借金　883兆円　忍び寄る財政破たん」

と表示された。そして、ニュースキャスターは、最近、「政府の借金」の問題で重大な危機を迎えている「ギリシャ」と比較しても、日本の方が、「さらに悪い財政状況にある」ということを説明する。

そして、画面には、ギリシャ政府の借金が「GDPの1・15倍」にしか過ぎない一方、今の日本政府の借金は「GDPの1・89倍」にも達している、という数字が大写しされた。そして、先進国の中でも、日本の政府の借金の対GDP比が飛び抜けて高いことを説明する。

さらに、それにもかかわらず日本の政府がギリシャ政府のように破綻しないのは、景気が悪く、銀行が貸し出す相手が少なくなっていて、国債を皆が買うからだ、という専門家からの解説が一つ挟まるのだが、「それでもなお、日本の財政が危険水域にある」と解説される。

その理由として、「国債を発行しつづけると、国債の金利が急上昇するからだ」と説明される。この点は、一般の読者にはなかなかピンと来ないかもしれないが、経済学ではよく言われる話である。後ほど、この説の真偽については述べるが、とにかく、金利が上がると約900兆円もの借金の「利子」を払うだけで、毎年、数兆円、十数兆円という莫大な支払いが必要になる。こうなると、国の借金は雪だるま式に膨らんでしまう、だから、今の日本の財政は「危険水域にある」と解説されるのである。

そして、それを裏付けるように、「ある財務省幹部」の発言として、

「国債の発行は綱渡りの気分、ひやひやしながらやっている」

という台詞が紹介される。

そして、最後に、

「ギリシャのことは人ごとではない。財政の〝入りの方〟を増やせないのだから、これからの日本は、〝出の方〟をどれだけ絞るのか、ということにかかっています」

という、解説者の言葉で結ばれた。つまりこれからは、徹底的に政府の支出を減らしていく「緊縮財政」が必要なのだ、と結論付けられているのである。

むしろ、財政出動こそが必要である

こういった新聞やテレビの報道は、財務省が政府の国債の状況を3カ月に一度ずつ公表するたびに繰り返されている。しかも、テレビや新聞だけではなく、様々な公共事業に関わる書籍の中でも、同様の主張が繰り返し展開されている。[*51]

こういった報道や議論をことあるごとに聞かされていては、多くの国民が、「緊縮財政が必

要だ、だからいくら公共事業が必要でも、そんなものに回すオカネなんてない」、と頭から信じ込んでしまっても無理のないことだろうと思う。

もちろん、政府の借金が増えてきているのは、間違いない事実である。

しかし——。

例えば、次のような意見が正しいのだとしたら、どうだろうか。

「政府の借金があるからといって、今のところ日本政府が破綻するとは考えられない。むしろ、深刻なデフレに悩まされている今こそ、政府は財政再建に固執することなく、さらに国債を発行しながら財政出動を大きく展開していくべきなのだ」

もしも、この意見が正しいのだとしたら、たとえ何兆円、何十兆円の予算が必要であろうとも、公共事業を大きく展開していくことは、経済的側面から見ても正当化されることとなろう。

もちろん、中には、「そんなことはないだろう。新聞やテレビの報道で繰り返されているように、今の日本は借金まみれなんだから、今、財政出動を大きくやれば、本当に日本政府が破綻してしまうんじゃないか？」と訝《いぶか》しく感じる方もおられるかも知れない。

しかし、そもそも「政府の財政」と「個人や法人の財政」とは、根本的に異なるものである。そして、政府には「財政再建を行うべき時期」と「財政出動を行うべき時期」というものがあり、「どんな時でも借金をゼロにもっていくような、財政再建を行うべき」とは言えないのだ。

とはいえ、この点を説明するには、それなりの紙数が必要になる。ついては本章では以下、この点についてできるだけ分かりやすく説明していくこととしたい（なお、ここで紹介している財政出動の重要性についての議論は、より詳しくは、『さらば、デフレ不況』〈廣宮孝信著・三橋貴明監修、彩図社、2010年〉や、『恐慌の黙示録』〈中野剛志、東洋経済新報社、2009年〉、あるいはそこで引用されているケインズやヒルファーディングの議論を参照されたい）。

政府の借金の対GDP比が高いからといって、破綻するわけじゃない

まず、今の日本がなぜ、破綻しないのか、について説明することとしよう。

そもそも、「日本国政府の破綻」とは「日本の中央政府が、借金を期限までに耳をそろえて返せなくなる」という事態を意味する。

こうした、「破綻」の危機は、最近の「ギリシャ」に訪れているが、これまでに、ロシア（1998年）、エクアドル（1999年）、アルゼンチン（2001年）、ウルグアイ（200

2年)、アイスランド(2008年)等、様々な国が、破綻している。

これらの国が破綻した年の「政府の借金の対GDP比率」は、それぞれ、

ロシア　52%
エクアドル　66%
アルゼンチン　45%
ウルグアイ　58%
アイスランド　96%

であった。

こうした数値を見ると、政府の借金がGDP比の5割程度を超えると、国家財政が破綻するのでは——と、憶測したくもなるが、そんなことは全くない。

事実、日本の政府の借金の対GDP比が5割程度だったのは20年も昔の話で、それ以降、その値は増えてきているのだが、その間、日本政府が「借金を期限までに耳をそろえて返せなくなる」というような「破綻」の事態は一度も起こっていない。あるいは、アメリカ、フランス、ドイツ、カナダ、イギリス、イタリアといった先進諸国の政府の今の借金は、いずれもGDPの8割を超えているが、未だに破綻してはいない。

つまり、「政府の借金の対GDP比が大きいから破綻する」ということは全くないのである。

これは考えてみれば当たり前の話である。

「破綻」というのは、「期限までに借金を返せなくなること」なのだから、１００万円借りていても「破綻」する場合もあれば、1億円借りていたって「破綻」する危険が全然ない場合だってあるのだ。

だから、先のニュースのように、「今の日本政府の借金の対ＧＤＰ比率は、１８９％と、先進国中最悪の状態だ」という理由だけでもって、「日本政府は、いつ破綻してもおかしくないぞ！」と騒ぎ立てる必要など、全くないのである。

今の日本政府が破綻しない理由

もちろん、国債の累積債務の多少にかかわらず、状況的に破綻しかねない場合というのはあり、その場合には日本が破綻する危険性を心配する必要もあるとは言えよう。

しかし、これまでに破綻してきた国々の状況と、今の日本の状況を比べてみれば、全く異なっていることが分かる。

具体的に説明していこう。

そもそも、これまで破綻した国はいずれも、外国から、外国の通貨で借金をしていることが原因で破綻している。

例えば、ある国が自分の国の通貨ではない「アメリカドル」で借金をしていたとしよう。そうすると、期限が来れば「アメリカドル」を耳をそろえて返さないといけない。しかし、期日に「アメリカドル」を十分に揃える事ができなければ、その借金を返せなくなる。これが、「破綻」である。実際、2008年にアイスランドが破綻したのは、国有化した銀行が借りていた「日本円」を、期日までに用意することができなかったからである。

ところが、自分の国の通貨で借金をしていたとしよう。例えば、アメリカ政府が、アメリカドルで外国からオカネを借りていたり、日本政府が日本円で外国からオカネを借りていたりした場合である。こうした場合、期日までにどうしても借りたオカネを準備できなくなったとしても、大きな混乱は起こらない。なぜなら、自分の国の通貨だったら、それぞれの国が、そのオカネを印刷し、発行する権利（通貨発行権）を持っているからである。アメリカ政府が何百億ドル借りていようとも、いざとなればドルを刷ってしまえばいいのだし、日本政府だって、何兆円借りていてもいざとなれば1万円札をその分だけ刷ってしまえばいいのである。

もちろん、あまりに無節操に自国通貨を発行し過ぎると、自国の通貨の価値が下がってしまい、結果的に、経済的なダメージを受けることになる。だから、いかに自国通貨の借金であっても、そのオカネを借りている国から「スグに全部返して下さい！」と言われないように、いろいろとその国に「配慮」することが必要となってしまう。つまり、いかに自国の通貨と言えども外国から借金をしていれば、その借金を盾にして、いろいろな政治的なプレッシャーをかけられてしまうのである。だから、やはり、外国からオカネを借りるということは、政治的に望ましいものではない。

最後に、「政府が、その国の民間（法人や世帯）から借金をしている」場合を考えてみよう。この場合には、当然ながら、その通貨は「自国の通貨」になる。だから、「通貨発行権」がある以上、どんな状況になっても、「破綻」することはない。そして、国内の世帯や法人が、外国がかけてくるような強い政治的プレッシャーを、政府にかけて来るとも考えられない。だから、外国からオカネを借りるよりもずっと安全なのである。

実際、自国内で発行した国債、つまり「内債」が原因で政府が破綻した事例はいまだかつて一度もない。破綻した政府は全て、外国に対して発行した国債、つまり「外債」が原因で破綻しているのである。

つまり、一口に「政府の借金」といっても、その「借りたオカネがどういうものなのか」に応じて、破綻する危険が高かったり、低かったりするのである。いわば、借金は借金でも、「質《たち》の悪い借金」とそうではない借金がある、ということである。

まとめて言うなら、一番質が悪く、破綻する危険性が一番高いのが、

①外国の通貨による、外国からの借金（外貨だての外債）

である。事実、これまでの国の破綻はいずれも、こうした質の悪い債務を抱えていたことが原因だった。その典型例が、「ギリシャ」だったのである。

その次に質が悪いのが、

②自国の通貨による、外国からの借金（自国通貨だての外債）

である。なぜなら、オカネを貸してくれている外国から、政治的なプレッシャーを与えられてしまうからである。そして、最も安心できるのが、

③自国の通貨による、国内民間からの借金（内債）

である。この種類の借金は、破綻するリスクも、政治的プレッシャーをかけられるリスクも、最も低いのである。

さて、日本政府はどういう種類の借金をしているかというと、紛れもなく、「③自国の通貨による、国内民間からの借金」（内債）が大半なのである。２００９年度時点において、日本政府の国債の中で、外国人が保有しているもの、つまり「外債」は、実に「６・１％」にしか過ぎない。そして残りの９割以上が全て、国内の世帯や法人などが保有している「内債」なのである。

だから、日本の政府は、いかに国債の累積額の対ＧＤＰ比が高い水準にあるといえども、「破綻」という最悪の事態からは非常に縁遠いところにいるのが実態なのである。

バランスシートを見れば、「通貨危機」は来ないことが分かる

ここまでの話は全て、「政府の破綻」の話であった。

しかし、仮に政府が破綻しなくても、「その国の経済」そのものが危機に陥る、ということもある。例えば、1997年に韓国やタイを襲った「アジア通貨危機」や、リーマンショックを原因として再び韓国を襲った2008年の通貨危機がそれにあたる。

こうした「危機」はいずれも、それぞれの国の民間が、「①外国の通貨による、外国からの借金」(外債)をしていたことが原因である。つまり、民間の色々な法人が、「米ドル」を外国から借りていた一方で、自国の通貨が安くなってしまい、「期限までに、米ドルを耳をそろえて返せなくなった」のである。こうなると、国内の様々な会社が倒産し、失業者が国に溢れることとなってしまう。

だから、こうした民間の破綻を導く「通貨危機」もまた、その国の経済の安定を考える上で、重要な問題である。

ただし、日本は、この「通貨危機」を迎える危険性もまた、極めて低い。

以下、この点について説明しよう。

まず、この通貨危機の問題を考えるためには、「中央政府の借金問題」を考えるだけでは不

十分である。一国の中には、中央政府の他にも、地方政府や民間企業、金融企業、そして世帯といった様々な経済主体がある。だから、それらの経済主体の全ての借金の問題を考えることが必要である。

そして、それらの経済主体はいずれも、「オカネを借りる」こともあれば「オカネを貸す」こともある。

ここで、「借りたオカネ」は一般に、「負債」と言う。

そして「貸したオカネ」は、「預金」あるいは「債権」と言われるが、より一般的に言うなら「金融資産」と言う。

だから、「国の経済全体における借金の問題を考える」ということは、より一般的に言うなら、「国全体の負債と金融資産を考える」ということである（そしてこれが、一国の経済全体の「バランスシート」を考えるということだ）。

この負債と金融資産であるが、この両者の間には、次のような、実に当たり前の関係がある。

それはすなわち、

誰かの「負債」＝（その誰か以外の）誰かの「金融資産」

例えば、あなたが友達から100万円を借りたとすれば、あなたには100万円の「負債」が発生する一方で、その友達には100万円の「資産」が発生する。つまり、全ての「負債」は、金融の「資産」と合わせて考えれば差し引きゼロになるようになっているのである。

この点を踏まえると、いろいろと「新鮮」なものの見方ができるようになる。

第一に、多くの人の数百万円、場合によっては数千万円の「貯金」は、銀行側から見れば「借金＝負債」である。つまり、我々が貯金するという行為は、我々が銀行にオカネを「貸し付けてやっている」ということなのである。あるいは、逆に言えば、銀行側が、我々のオカネを「借りてやっている」とも言うことができる。

第二に、政府の内債であるが、これは政府側から見れば「負債」であるが、貸している側（例えば、銀行）から見れば、これは「金融資産」である。だから、「政府がオカネを借りている」と言うこともできれば、「政府が民間の金融資産を作り出している」とも言えるのである。

日本経済のバランスシートを考える上で、こうした当然の関係が非常に重要となるので、ぜひ、記憶に留めておいていただきたい。

さて、ここで**図17**をご覧いただきたい。これは、日本経済全体のバランスシートである。

この図は、

・一般政府　　（中央政府と地方自治体、全てを合わせたもの）

・家計＋NPO（ただし、一般の世帯が大半）
・法人企業（金融法人以外の全ての法人企業）
・金融機関（いわゆる、銀行や証券・保険会社など）

の四者の「負債」と「金融資産」を示したものである。

ところで、先にも紹介したニュースでは、「国の借金」という言葉を使っていたのを覚えておいでであろうか。しかし、筆者はその言葉の代わりに「政府の借金」といった言葉を使ってきた。なぜなら、「国」とは政府のみではなく、家計も法人も皆含まれるのであり、これら全てを考慮してはじめて「国の経済」を云々することができるからだ。だから、先の新聞やニュースで、日本経済の単なる一プレイヤーである「政府」の借金という一つの問題を、「国の借金、883兆円」と書きたてるのは、実を言うと、明確な「誤り」なのである。しかも、「国の借金」と書けば、見聞きする人が何となく「ヤバイ」という雰囲気にもなることを踏まえると、この「誤り」は、「人心をいたずらに惑わすような、質《たち》の悪い誤り」とも言えるのである。[*52]

さて、こうした全体を含めた「国の借金」がいくらかを見てみると、**図17**に示したように、5246兆円という、空前の水準となる。

これだけを見ると、また、「えぇぇ!?　やっぱ、日本経済は破綻するんじゃないかぁぁ!?」と不安になってしまうかもしれない。

図17　日本経済のバランスシート（2009年６月時点）

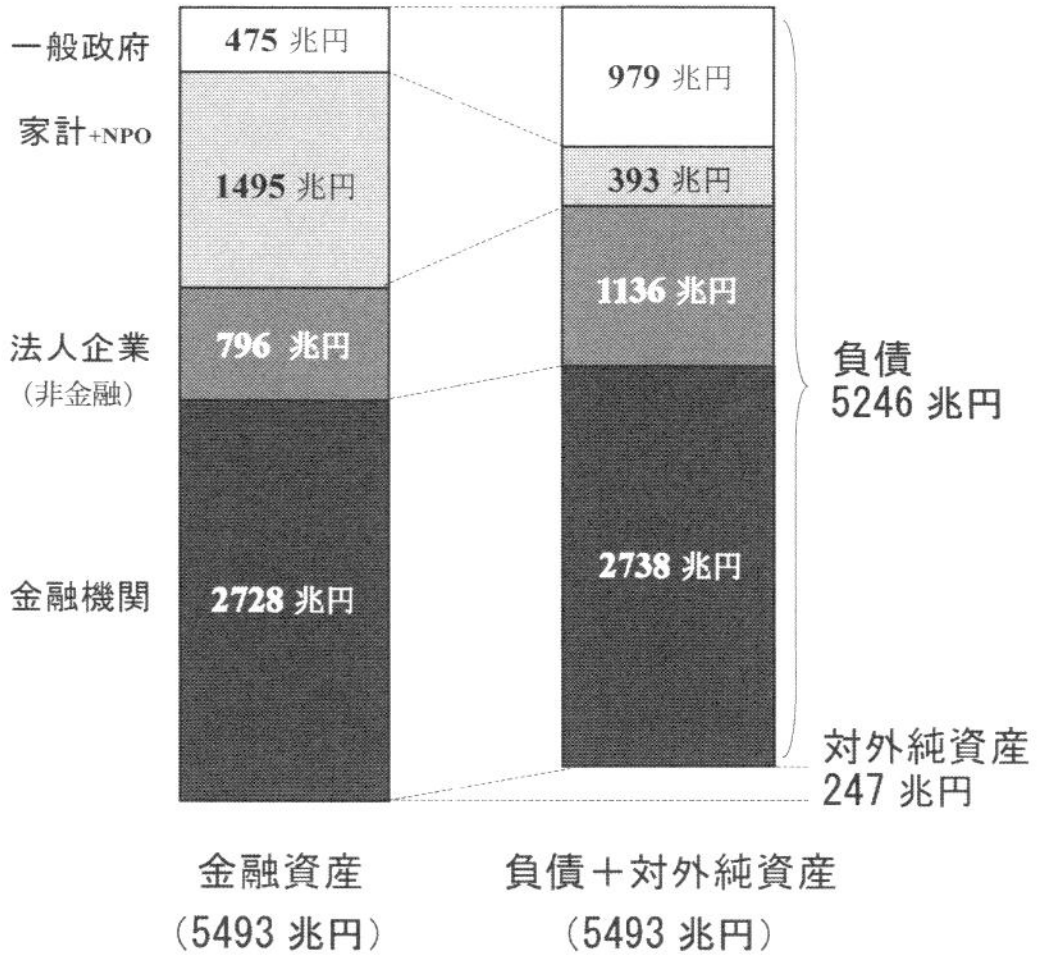

しかし、先にも確認したように「誰かの負債は、誰かの金融資産」である。だから、これだけの巨額の借金は、誰かの「金融資産」でもある。

実際、**図17**に示したように、日本の国全体の金融資産は、５４９３兆円という、上述の「借金」とほぼ同等の水準、いやむしろ、それを上回る水準となっている。

「日本の国が破綻する」なんてことも、考えられない

ところで、先に紹介した新聞のように、財務省、ならびに、マスコミ報道ではいつも「一人あたりの国の借金が○○円となりました」という表現が好んで使われている。

しかし、

・実際には、借金だけではなく、金融資産もあり、しかも、
・実際に「国」には、政府以外にも法人も家計もある
のだから、正確に「国民一人当たり」の借金を言うとするなら、
国民一人当たり、4098万円（＝5246兆円÷1・28億人）の「借金」があり、
国民一人当たり、4291万円（＝5493兆円÷1・28億人）の「金融資産」がある、と
言わねばならない。

つまり、我々日本人は、たくさんの「借金」もしているのだが、それと同時に、それを上回るほどの「金融資産」を持っているのである。だから、テレビや新聞が「国が破綻する！」といくら騒ぎたてようが、「借金の量」だけを見て不安になる必要などないのである。

ところで、繰り返しとなるが「誰かの負債は誰かの資産」である。したがって、「日本の資産の方が、日本の負債より多い」ということは、その多い分が、「日本人以外の誰か（＝外国人）に対して、オカネを貸している」ということを意味している。だから、日本全体の金融資産と負債の差額は、一般に、「対外純資産」と言われている。

その対外純資産は、**図17**に示したように、実に「247兆円」もある。

この巨大な数値は、対外純資産としては世界一の水準にある。つまり、日本ほど、外国にオカネを貸している国は、世界中どこを見回してもないのである。

これを国民一人当たりに換算すると、「約200万円」ということになる。つまり、日本人は国民一人あたり、200万円ものオカネを、どこかよその外国に「貸している」という状況にあるのだ。

こんな状況では、「日本経済」そのものが、かつての韓国やタイのように、「色々な経済主体が借金を返せなくなる」という経済危機を迎えるとは、到底、考えられないのである。

「緊縮財政」をする必要なんてない

以上、本章では、日本の政府の国債による「借金」がGDPの1・89倍近くもあるからといって、それが「国内からの借金」である以上、日本政府が「破綻」することはないということを指摘した。しかも、日本経済全体で見れば、総額で247兆円、国民一人あたりにして約200万円ものオカネを海外に貸し出しているような状態にあるのだから、「通貨危機」に苛まれるような状態にはない、ということもあわせて指摘した。*53

こうした点を踏まえると、政府の支出を減らし、その借金を減らしていく、というような「財政再建」を行う必要性は、今の日本には全くないのである。

しかし、そういうと、「借金があるんだから、四の五の言わず、返さなきゃいけないじゃないかっ！」というお叱りの声が聞こえてきそうである。

おっしゃるとおり。

だからこそ、筆者は、日本政府が「破綻」する可能性があるのかないのか、つまり、「期日までに、借りたお金を返せなくなることがあり得るかどうか」を、様々なデータに基づいて考察したのである。その結果、得られた結論は、次のようなものであった。すなわち、

「今の日本は、財政再建なんかせずに借金をこれ以上に増やしても、それが内債である限り、破綻する（返せなくなる）ということには、ならないのである」

「デフレ経済」の本当の恐ろしさ

ここまで、今の日本には、財政再建なんて全く不要であることを指摘した。

しかし、冷静に日本経済の状況を見据えれば、次のような恐るべき事実が浮かび上がる。それは、

「今の日本で財政再建を行っているということそれ自体が、日本経済の不況を長引かせ、深刻化させる原因になっている。この深刻な不況から日本経済を救うためにも、内債を大規模

に発行し、それに基づいた大規模な財政出動を行うことが必要なのだ」という事実である。

恐らくは、こうした主張を目にすれば、あまりにも、テレビや新聞の論調とは異なる主張なので、「そんなことはないんじゃないか?」と訝しくお感じになるかもしれない。

しかし、ここまでじっくり本章にお目通しいただいた読者なら、「国の借金」や「財政再建」の問題で、「マスコミがいかに重大な事実誤認をしているのか」ということをご理解いただけたのではないかと思う。だから、本書よりはむしろ、マスコミ報道の方が間違っていることだって、あるかもしれない——、とお感じになるかもしれない。

ついては次に、「財政出動の必要性」について、説明することとしよう。

確かに、今の日本経済は、「対外債務」という点では、国民一人あたり、200万円ものオカネを外国に貸し出しているほど、極めて健全な状況にある。しかし、「国民経済の水準」という点では、深刻な問題を抱えている。

それが、「デフレ経済」という問題である。

このデフレ経済というものは、ものの値段と所得が上がっていく「インフレ経済」の逆を言うものである。つまり、ものの値段と共に人々の収入(所得)が減っていく状態を言うのが

「デフレ」という状態である。

ご存じだろうか。

過去10年、日本の「一世帯あたりの平均所得」が減り続けている。１９９７年には、６６０万円程度だった平均所得が、毎年毎年数パーセントずつ低下していき、この10年間で、５６０万円を割り込む水準にまで減ってしまっている。

つまり、実に、平均所得が、１００万円以上も減ってしまったのである。

そしてこの傾向は今もなお、続いている。

それに比例して、物価そのものも低下してきている。

そう聞くと、所得が下がっても、物価も下がってるんだから、日本人は皆幸せじゃないか、と単純に思えてくるかもしれない。

しかし実際には、お金持ちの人もいれば、貧乏な人もいる。「平均所得が高い」時には、貧乏な人もそれなりに食べていける。しかし、平均所得が下がってくると、所得の低い人の中で、「最低限の生活」ができなくなる人が増えていく。さらには、企業も十分に収益を上げられなくなって、「リストラ」（＝解雇）してしまったり、倒産してしまったりすることもある。

その結果、「失業者」が増えていってしまう。実際、20年前には2パーセント程度だった失業率が、今ではその2倍以上の5パーセントにまで高くなっている。

もう少し丁寧に説明すると、デフレでは、次のような「スパイラル」（らせん）が生じてしまう。

「↓……
↓モノが安くなる
↓　企業の売り上げが減る
↓　国民全体の給料が下がる
↓　国民が高いモノを買わなくなる
↓　モノが安くなる
↓　企業の売り上げが減る
↓　……」

こういう「デフレ・スパイラル」の中で、様々な法人の企業活動が停滞したり、倒産したり、人々が貧乏になったり、失業したりしていくこととなる。そして、日本がどんどん、「経済的に貧しい国」になっていってしまう――。これが、「デフレ」の恐ろしさなのである。

そして実際に、日本人の平均所得が「１００万円」以上も減り、失業率もかつての２・５倍にもなってしまったのである。

つまり、今の日本の政府や経済が「破綻」することはないとしても、多くの国内の企業や国民は、デフレ経済のせいで倒産したり失業したりするリスクを背負っているという状況にあるのである。[*54]

なぜ今、「デフレ」なのか?

さて、こういう「デフレ」が起こるのは、なぜかというと、日本経済全体での「需要」が「供給」よりも少ないからである。

「供給」というのは、市場に出回っている品物やサービスの量のことである。そして、「需要」とは、市場に出回っている品物やサービスを「オカネを出して買おう」とする量のことである。だから、「需要が供給よりも少ない」というデフレとはつまり、「市場にたくさんの品物やサービスが満ちあふれているのに、それを買おうとする人が少ない」という状況である（逆に、モノを買いたい人が多いのに、そのモノが少なければ、モノの値段は上がっていく。これがインフレである）。

こういう「買い手が少ない状況」では、品物やサービスの値段を下げないと売れなくなってしまう。だから、モノの値段が下がってしまう。

こうしてモノの値段が下がってしまえば、結果的に企業の収益が下がり、さらには、みんなの給料が下がってしまう――、というデフレ・スパイラルにはまりこんでしまう。

さて、こんなデフレ状況下では、企業は借金をしてまでどんどん「投資」をするようなことはしなくなる。なぜなら、デフレでは「モノの値段が下がる」のだが、これはつまり「オカネの価値が上がっていく」ということを意味しているからだ。つまり、「物価が低下する」ということは、「1万円を出して買えるものの量が増えていく」＝「オカネの価値が上がっていく」、ということなのである。

こんな風に「オカネの価値が年々上昇していく状況」では、オカネを借りるのは不合理な行動だ。だから、企業が合理的に行動する限り、デフレ経済下では各企業は、「投資」を控え、「借金」をしなくなるのである。

その一方で、各世帯も稼いだオカネをできるだけ使わずに、「貯金」をするようになる。なぜなら、貯金しておけば、放っておくとオカネの価値がどんどん上がるからである。それに、デフレ下では、所得の低下や、場合によっては失業のおそれまであるのだから、世帯にとってみれば、「消費」よりも「貯金」の方が合理的な行動となるのである。

こうして、企業が投資を控え、世帯も消費を控えることを通して、ますます「需要」が小さくなって、デフレはより深刻化していくのである。つまり、経済が一旦デフレになってしまうと、世帯や企業といった民間主体が十分に合理的であれば、市場メカニズムを通してますます「需要」がしぼみ、デフレから脱却することがほぼ不可能となってしまうのである。

「デフレ」から抜け出すために

さて、こんな状況であるにもかかわらず、デフレから脱却するためにはやはり、「供給」に見合うような水準にまで「需要」を拡大しなければならない。つまり、供給に対する需要の不足分（いわゆる、デフレギャップ）を縮小し、ゼロにしていかなければならないのである。

そしてそのためには、市場に出回っている「供給」に見合うだけの「需要」を、どうにかこうにか創出していくことが求められている。つまり「どこかの誰かがもっとたくさんのオカネを使わないといけない」のである。

ところが、繰り返しとなるが、デフレ下では、民間企業は銀行からオカネを借りてまで、投資をして、経済活動を拡大していくこともなくなるし、世帯は消費をせずに貯蓄ばかりをしてしまう。実際、日本の世帯の「預金総額」（つまり、世帯が銀行に「貸し付けている」額の総額）は、年々上昇し、２００９年度では、過去最高の約５７３兆円に達している。その一方で、銀行からの「貸付金」の総額（つまり、銀行が一般企業などに「貸し付けている」額の総額）は、年々減少し、同じく２００９年度に４３１兆円になっている。そして、この両者の差額は、「預金超過額」と言われるが、これが実に、「142兆円」（＝573－431）という、未曾有の水準にまで達しているのである。[*55]

要するに、現在の日本のデフレの問題は、こうした預金超過分[*56]を、誰かが借りて一気に使ってしまえば、一気に解消するのである。

そうすれば、「需要」と「供給」のバランスがとれ、モノの値段の低下が食い止められ、企業収益の低下も、そして所得の低下も食い止められ、それを通じて、企業の倒産や失業者が減っていくこととなるのである。

つまり、デフレから抜け出すためには、誰かが数十兆円の規模で借金をして、しかもそれを貯金せずに、どこかで「使って」しまえばいいのである。

そんな大規模な仕事は、民間のどんな大金持ちでも、大企業でもできやしない。それができる程の力を持つ組織は、日本国内には、一つしかない。

日本国政府である。

つまり、日本国政府が、数十兆円の規模で、「だぶついている銀行預金を借り上げて」、その上で「できるだけ銀行の貯金に回らないようなかたちで使えばいい」のである。そうすれば、デフレの問題は一気に解消するのである。

「日本国政府が、銀行預金を借り上げる方法」とは何かと言えば、それは、銀行に対して国債を発行する、という方法である。そして、得られたオカネを、「できるだけ銀行の貯金に回らないようなかたち」で使えばいいのである。

なお、しばしば、財政が厳しい中、消費税率アップなどの「増税」が必要である、という議論がなされている。例えば、財務大臣時代の菅直人氏は「消費税等の増税と財政出動によって需要を創出する」という見解を表明しているが、これは完全な誤りである。なぜなら、増税をしてしまえば、消費に回るオカネまでをも強制的に取り上げることになるからである。これでは、「内需」は拡大せずに、ますます、需要が冷え込んでしまう。

だから、既に消費ではなく貯蓄に回っているオカネを、国債の発行を通じて、直接「吸い上げる」方途こそが、需要拡大のために効率的な方法なのである。

デフレでは、国債を発行しても「金利の上昇」は起こらない

さてここで、「国債の金利」の問題について、簡単に触れておこう。

「国債の金利」とは、例えば、1億円の国債を発行すれば、政府は期限がくれば、その国債を持っている個人や法人に1億円を返金しなければならない、その時、政府は、その1億円とあわせて「利息」を支払わなければならない、その利息の水準を決めるのが金利である。金利が高ければ、利息は大きくなり、低ければ安くなる。

先にも少し触れたが、国債をあまりに発行しすぎると、この「金利」が上昇してしまう、ということが、しばしば指摘されている。

これは、「インフレ経済」においては、正しい指摘である。

供給よりも需要の方が多いインフレ経済下では、（皆が貯金したがっている）デフレ経済とは全く逆に、「皆がオカネを借りたがっている」。そんな状況で、政府までもが国債を発行して、オカネを借りようとすると、民間と政府の間で「資金の調達競争」が激化してしまう。その結果、皆が「わたしにオカネを貸してくれたら、こんなにたくさんの利息を最後に差し上げますよ」といって、金利の高い債券を発行するようになる。こうして、インフレ経済下で国債を発行すると、借金の金利が上昇してしまうのである。

しかし、これはあくまでもインフレ経済下での話である。

デフレ経済下では、いくら国債を発行しようが、金利の上昇は起こらない。繰り返しとなるが、デフレ経済では、「誰もオカネを借りたくない」という状況にある。そんな状況では、資金の調達競争は起きず、その結果、金利の上昇も起こらないのである。

事実、日本は、国債の累積債務の対ＧＤＰ比が先進国中トップでありながら、長期金利は、ここ10年ほど1～1・5パーセントほどの非常に低い水準で推移を続けている。一方で、アメリカやイギリスは、3～5パーセント前後を推移している。つまり、日本の国債は、わざわざ高い金利を付けなくても、皆が買ってくれる、という状況にあるのである。

したがって、貯金がだぶついているデフレ経済下では、「国債発行→金利上昇→破綻」という（先に紹介したテレビニュースで喧伝されていた）シナリオは全く妥当しないのである。

デフレ下での国債発行による公共投資は、世界の常識

以上、本章では、これまでの章とは、その趣を一変させた議論を述べた。「何が必要な公共事業か」を問うのではなく、「今の日本は、公共事業を推進しうる経済・財政状況にあるのか」を問うたのである。

本章では先に次のような主張を述べた。繰り返しとなるが、本章で述べた議論の考え方を要約したものなので、改めて掲載したいと思う。

「**政府の借金**があるからといって、**今**のところ**日本政府**が**破綻**するとは考えられない。むしろ、**深刻**なデフレに**悩**まされている**今**こそ、**政府**は**財政再建**に**固執**することなく、さらに**国債を発行**しながら**財政出動**を**大**きく**展開**していくべきなのだ」

いかがだろうか。ここまでの議論にお付き合いいただいた読者の皆様なら、これが不当な主張というよりは、むしろ「合理的」な主張であると賛同していただけるのではないだろうか。

もちろん、日本国内にいて、日本語のテレビニュースや新聞ばかり見ていると、本章で論じた内容は、少々「風変わり」な論理のように見えるかもしれない。

しかし実は本章の議論は、理論的に言うなら、例えば、古くはケインズ、そして、最近では、ミンスキーといった経済学者が主張した議論と同じものである。歴史的に見ても、1929年の世界大恐慌の時に、アメリカがその不況から脱却するために実施した大規模な財政出動を伴う「ニューディール政策」と同様の考え方だ。

そして、現在においても、日本以外のどの国でも、本章で論じたような議論を基調として、デフレを回避し、大量の倒産と失業を避けるために、中央政府が大量に国債を発行し、大規模な財政出動を行っている。

その典型がアメリカである。「リーマンショック」直後には、「グリーン・ニューディール」とも言われる取り組みとして、たった半年間で154兆円もの国債発行とそれに基づく公共投資を行っているし、2009年には79兆円にも上る空前の公共投資を行っている。

さらに言えば、日本でだって、バブル経済が崩壊し、急速に国内の民間の需要が冷え込んだ

1990年代、本章で述べた考え方に沿って、デフレ経済から脱却するために、大規模な公共投資を行っている。ケインズやミンスキーの理論、あるいは、アメリカのニューディールやグリーン・ニューディールの考え方を踏まえるなら、バブル崩壊に伴う不況から脱却できたのは、2000年代の小泉政権が行った「構造改革」のおかげでも何でもなく、小渕政権が行った大規模な国債の発行と、大規模な公共投資のおかげだったと考えざるを得ないだろう。つまりは、小渕政権がそれを行っていなければ、日本経済が、あの時、さらに深刻なダメージを負っていたに違いないのだ。

「どうやったら、日本がギリシャみたいになるのか」を考えてみる

以上、今の日本の状況では、国債発行をしても破綻するとは考えられない、そして、デフレ退治のためには、国債発行による公共投資が必要である、と述べたが、政治家や国民の中には、「そうは言っても、やっぱり、大量の国債発行は、経済の破綻に繫がるのでは？」という不安が根深くある。

例えば、菅首相は、就任直後の平成22年の参院選挙の街頭演説にて、次のように声高に叫んでいた。

「このままだとギリシャみたいになる。財政が破綻すれば働く人のクビが切られたり、給料

が下がる。これは何としても避けたい」

日本の行く末を憂うこと自体はもちろん、大変結構なことだ。しかし、その前提となる「基本認識」が間違っているなら、そんな間違いに基づいて一国の経済と財政が切り盛りされてしまう我が国の状況そのものが、憂うべきことだろう。

そして実際、菅首相のそんな基本認識は間違っているのである。

そもそも日本とギリシャでは、財政・経済の状況が何から何までまるで違う。だから、そうやすやすとは、「このままだとギリシャみたいになる」とは全く言えない。繰り返しとなるが、「円建ての、日本人向けの公債」を発行し続けている限り、日本政府が破綻するとは考えられないのだ。

とはいえ、「不安感」というのは恐ろしいもので、こうした合理的な説明だけでは、なかなか納得が得られないのが現実というものなのだろう。

ついては、ここでは思考実験として、「どうすれば、日本政府を破綻させることができるのか」、つまり、「菅首相が言うように〝ギリシャみたいになる〟ためには、どれだけ無茶なことをしなければならないのか」、ということを想像してみることにしたい。

まず、相当無茶なケースとして、２００兆円ほどの超巨額の国債を今すぐに発行する、という場合を考えてみよう。今の国家予算が約90兆円だから、国家予算そのものが3倍以上にもなる、という何とも無茶苦茶な設定だ。

これだけの超巨額の国債を発行すると、国内での資金調達が難しくなり、その結果、多くのエコノミストが予言するように、金利が上昇する、という事態が危惧されるかもしれない。

しかし、よくよく日本経済のバランスシートを見てみれば、しばしば心配される程に金利は上昇しないであろうことが分かる。

まず、先にも指摘したように、現在の日本はデフレなので、預金する人が多い一方で、オカネを借りる人が少なく大量の預金超過額（142兆円）が銀行にだぶついている状況にある。しかも、247兆円もの対外純資産がある。つまり、日本の個人や法人は、海外に対して、200兆円以上も「貸してあげている」のである。それだけの巨大な貸し付けは、やはり日本国内にオカネを借りてくれる人が少ない、という事情を反映したものである。

そう考えると、仮に200兆円の国債発行を単年度で行っても、日本経済の内部に余裕で吸収できる可能性すら考えられるのである。だとしたら、今すぐ200兆円の国債を発行するという一見無謀とも思えることをやったとしても、日本の政府や経済を「破綻に追い込む」ことはできないのである。[*57]

しかし、そんな大量の国債発行で、経済がインフレ基調に転換した時に、また続けて数百兆円もの大量の国債を毎年発行し続けると、その時初めて、日本政府が、ギリシャのように破綻の危機を迎える、という可能性が浮かび上がることとなる。

それは次のようなシナリオである。

まず、インフレであるにもかかわらず、増税をせずに数百兆円規模の大量の国債を毎年発行し続ければ、日本国内で資金調達が難しくなり、金利は高騰する。そうなると、借金返済のために（ここでまた、増税をしなければ）、その内、大量の紙幣を刷らなければならなくなってしまい、円が暴落することにもなる。その一方で、日本国内での資金調達が難しいのなら、海外の資金を調達せざるを得なくなるだろう。そのため政府は、結局、外債を発行せざるを得なくなるかもしれない。しかも、円が暴落しているのなら、円建ての外債を買ってもらえずに、例えばドル建ての外債を発行しなければならなくなるかもしれない――。

これこそ、ギリシャが迎えている破綻の危機である。円が暴落しているにもかかわらず、自国で印刷することができない外貨で大量の借金をすれば、返済期日に返せなくなってしまう可能性が生じてしまうのだ。

つまり、ギリシャのように日本政府を破綻の危機におとしいれようとするなら、「インフレ経済」になった時点で、なお大量の国債を発行し続けるという暴挙を繰り返さなければならないのである。

――お分かりいただけただろうか？　日本経済が破綻するシナリオを想像して、やはり恐ろしい、とお感じになっただろうか？

否、賢明な読者なら、逆に安心されたことであろう。

なぜなら「インフレ経済になった時点で、全く増税をせずに大量の国債を発行し続けるという、正気の沙汰とは思えない暴挙を繰り返す」ということをしない限りは、日本は破綻などしないからだ。だから、デフレの今、50兆円や100兆円、場合によっては、200兆円の公債を発行したところで、日本政府も日本経済もびくともしないのである[*58]（なお、誤解を避けるために付け加えておくが、だからといって、今すぐ200兆円の公債を発行すべきだと主張しているわけではない。そんなことをしても日本経済は壊れない、と言っているに過ぎない。実際には、金利、対外純資産高などを見ながら、公債発行額を毎年決定していくのが賢明だ）。

「ケインズ」は死んだのか？

以上、少々横道にそれたが、デフレ退治、不況対策のためには「財政出動」が必要である旨を主張した。しかしこうした主張をすると、いわゆる主流派の経済理論を知る方々から、次のように指摘されることがしばしばある。

「ケインズ理論は破綻しており、既に〝ケインズは死んだ〟のである、だから、ケインズ理論に基づく財政出動の有効性など、もうないのだ」

例えば、「公共事業による景気回復」をいつも唱えている某政治家が、インターネット百科事典ウィキペディアにて「『ケインジアン』と揶揄されることもある」（ケインジアンとは、ケインズ主義者の意）と解説されているのを目にしたことがある。

初めにこの表現を目にしたとき、一瞬、その意味を汲むことができなかった。なぜなら、ケインズの理論を踏まえるという行為が「揶揄」される対象となるとは思えなかったからだ。

しかし、現在の風潮では、ケインズ理論を踏襲するという行為は、「からかい」や「嘲笑」の対象となりうるほどに蔑まれている、という点を思い起こしてはじめて、「揶揄」の意味をつかむことができた。実際、経済学会で、ケインズの理論を普通に主張すると、ほとんどまともな人間扱いをしてくれない――、ということもしばしば耳にする（何とも恐ろしい話である）。

しかし、こうした「ケインズは死んだ」と主張する論者の話をよくよく聞いてみると、いわゆるデフレギャップが存在していないということを想定していたり、完全雇用を想定した経済理論を前提としていることが多い。

それ故、こうした指摘に対しては、現実にデフレギャップが存在していることや、非自発的な失業者が存在している、という点を指摘すれば、それ以上の不毛な議論を避けることができるはずなのだが——、ただ単に〝ケインズは死んだ〟という言葉だけを頼りに思考を停止したままで、ケインズ的議論を否定する論者も少なくないようである。

ただし、ケインズがここ数十年間、学者やエコノミストのあいだで〝死んだ〟ことになってきたことについては、それなりの事情があったようにも思う。

そもそも、大恐慌以降、デフレに陥りかければ、各国の政府が財政出動をするようになったのが慣例となった。だから、かつてケインズが直面したような〝デフレ〟がほとんど起こらなくなった。その結果、我々の目に映るのは、需要不足のない〝インフレ経済〟ばかりとなったのである。そんなインフレ経済ばかりを目にする期間が半世紀以上も続いたものだから、一見すると、〝ケインズは死んだ〟ように見えた——これが、〝ケインズが死んだ〟と言われ続けた実際の理由だったのではないかと思う。

しかし少し考えてみればお分かりいただけると思うが、財政出動したからこそデフレがなかったのだとしたら、それは、ケインズが死んだことを意味しているのではない。それはむしろ、ケインズがずっと生きていたことの証左と言うべきであろう。

繰り返すまでもなく、我々は今、デフレ経済のまっただ中にいる。

そんな我々には今、〝ケインズは死んだ〟などと口にしつつ不毛な論争を繰り返して遊んでいる暇《いとま》などないはずだ。今こそ、日本人の停止した思考を再始動することを通じて、ケインズに蘇ってもらわなければならない。

「金融政策」では、デフレから抜けられない

さて、こうした〝ケインズは死んだ〟という議論における具体的指摘として、ニュースや新聞、雑誌などで、「不況対策のためには、財政政策でなく、金融政策こそが重要なのだ」という議論をしばしば耳にする。

しかし、こうした議論もやはり、結局は「デフレギャップ」が存在しないことを暗黙の前提としたものであり、デフレ経済の今の日本には、通用しないのである。ついてはこの点について、少しだけ解説しておこう。

まず、そうした主張が前提とするのは、「国債発行による財政出動をしても、そのオカネは民間から調達しているだけなのだから、結局は金利の上昇を導き、経済活性化効果がゼロになる」という議論である。しかし、この議論が、少なくとも現在の日本のデフレ経済には妥当しない、という点は、これまでに指摘した通りである。そもそもデフレの状況では、誰もオカネを借りたがらないのだから、国債発行が金利上昇には繋がらないのだ。

さらに、「金融政策」では、「金利を上げれば、皆がオカネを預けるようになる一方、借りる

人は少なくなってしまうだろう、その一方で、金利を下げれば皆が預金をせずに、積極的にオカネを借りて消費や投資をするようになるだろう」ということを前提としている。そして、インフレになればそれを抑えるために金利を上げればいいし、デフレの時には積極的な投資や消費を活性化するために金利を下げればいい、と考えるのが金融政策だ。

しかし、現在の日本は、既に「ゼロ金利政策」を採用している。つまり、これ以上金利を下げられない状況にある。だから、今の日本は、デフレから脱却するためにこれ以上金利を下げるという金利政策を採用することが不可能な状態なのである。[*59]

つまり、今や、金融政策ではデフレ退治ができないのであり、好むと好まざるとにかかわらず、財政政策を採用する他ないのである。

公共事業と公共事業以外による景気浮揚策

ところで、公共事業を批判する議論の中で、次のような指摘を耳にすることも多い。それはすなわち、

「景気対策のために財政出動が必要であるとしても、それが必ずしも公共事業でなくても、いいのではないか?」

という指摘である。

この指摘は、全く正しい。当然ながら、「公共投資、イコール、公共事業」ではないからだ。例えば、教育研究、資源開発、農業育成、そして、社会保障などの様々な項目への投資が、将来の日本のためには求められていることは間違いない。だから、景気対策のための公共投資を行うにあたっては、そうした多様な投資の一項目として公共事業を位置づけるという態度が、当然ながら必要だ。

とはいえ、例えば、アメリカのリーマンショック後のいわゆる「グリーン・ニューディール」において「公共事業」が大きい割合を占めていたように、日本においても、効果的な経済対策を図る上で公共事業がその大きい割合を占めたとしても、それは至って〝当然〟の帰結だと言わねばならない。

ただし、そんな〝当然の議論〟が、最近のマスコミ等ではほとんど論じられなくなったのは事実である。だから、「景気対策のためには公共事業」という議論が、なぜ〝当然〟なのか、ピンと来ない読者もかなりおられるのではないかと思う。ついては、この点を改めて整理しておくこととしたい。

第一に、公共投資によって経済全体を活気づかせようとするなら、その投資が「様々な産業に波及すること」が必要だ。[*60] そうした波及のためには、投資する産業が様々な産業に関わっていることが重要である。その点、建設の現場は、鉄やコンクリート等の「部材」、トラックやクレーンなどの「機械」や、「調査・設計技術」、そして、大量の労働者のための「食事」や「宿泊」、はては「医療」に及ぶまで、実に多様な産業が関わっている。しかも、それらの産業は、さらに他の産業とも関わっている。そのため、建設産業への投資は、直接的、間接的に、莫大な経済波及効果を持つのである。ところが、例えば「医療」のみに投資をしてしまうと、建設産業よりは小さな波及効果しか得られない。ましてや、「子ども手当」のような投資の場合には、波及効果どころかすぐに「貯金」に回ってしまうのだから、大きな経済効果は期待できない（実際、〈株〉ニッセンが2010年6月に行ったアンケートによると、子ども手当の対象世帯の実に6割近くが、支給されれば、少なくともその一部を貯金に回すと回答している）。

第二に、公共投資による失業対策としての効果を考えるなら、「急に失業してしまった人々でも働けるような雇用の創出」が必要である。複雑な技術を要する働き口では、大量の人々を雇い上げることができない。その点、公共事業の場合には、高度な技能を要する最先端の技術や設計に関する雇用から、いわゆる〝日雇い労働〟と呼ばれるような雇用まで、実に様々なタイプの雇用を生み出すことができる。

第三に、「大きな公共投資を行うのなら、その〝受け皿〟が不可欠」だ。十分に育成されていない産業にいきなり数兆円の投資をしたとしても、それを消化しきれるはずはない。その点、公共事業を担う建設産業は、日本の全雇用の9パーセントを創出し、GDPの6パーセントをたたき出す文字通りの「巨大産業」だ。その雇用も経済規模も、日本経済を牽引する産業と位置づけられることが多い自動車産業のそれよりも大きいのだ。つまり、建設業ほど巨大な投資を受け止めることができるような産業は、実質的にほとんど見当たらないのが実態なのである。

そして最後に、公共投資をする以上は、経済への短期的な〝カンフル剤〟として機能するだけでなく、「その投資によって〝将来の経済成長を促す〟ようなものであること」が重要だ。[*61] この点については、道路も、港湾も、ダムも、橋も、経済活動や生活のインフラとして大いに〝必要〟とされている（その仔細については既に本書で繰り返し見てきたので、ここでは改めて繰り返さない）。そうである以上、それらへの投資は、現在の経済を活気づけるだけではなく、将来の日本経済の発展にも多いに貢献し得るのである。

やはり、公共事業による景気浮揚策が効果的

このように、経済対策のために何に公共投資すべきかを考えれば、やはり、公共事業が極めて効果的な投資先なのだ、という〝当然の議論〟に辿り着かざるを得ないのである。

ただし、こうした〝当然の議論〟は、〝当たり前過ぎる〟とでもいわんばかりに、様々な論者からの批判にさらされてきた。ここでは、そんな点について少し触れておくこととしよう。

まずよく耳にするのが、「確かに公共事業の波及効果（あるいは、乗数効果）は存在するが、そんなものはかつてほどはないじゃないか」、という指摘である。

実際、いくつかの実証研究により、高度成長期の頃の経済波及効果よりも、現在の方が小さくなっているということも指摘されている。

とはいえ、仮にそうであったとしてもなお、先に述べた理由を踏まえるなら、公共事業ほどに大規模な経済効果をもたらすような投資先は、ほとんど見あたらないのが実情である。

次に、「地方経済の公共事業への依存体質が問題なのに、さらに公共事業を行えば、そんな体質が改善できないではないか」という指摘も、しばしば耳にする。

確かに、バブル崩壊後に行った多くの公共事業によって、日本の地方部の公共事業依存体質がより著しいものとなった、という側面はあるだろう。

しかしだからといって、公共事業をなくしてしまえば、大量の人々が実際に失業してしまうことは避けられない。だったらそんな人々をわざわざ一旦〝失業〟させた上で、わざわざ〝失業手当〟を支払うよりは、将来、その地方の発展に寄与するような公共事業を行って、彼らに〝給料〟を支払った方が、ずっと「実のあるオカネの使い方」であることは、少し考えれば誰でもわかる話であろう。

そして仮に、その地域の公共事業依存体質が問題だとしても、不況時ではなく景気が回復したタイミングで、（それこそ、不況時につくったインフラを活用して）公共事業の依存体質から脱却する産業の育成を考えればいいのだ。そうすれば失業者を出さずに、効果的に産業構造の転換を図ることができるだろう。

こうした諸点も考えに入れれば、やはり、デフレ経済下での経済浮揚策として公共投資を行うなら、雇用確保の点でも、デフレ対策のためにも、そして、将来の潜在的な経済成長への寄与という点でも、「公共事業」への投資は、極めて有望な手法だと考えざるを得ないのである。

マクロ経済政策との真の融合を

さて、本章では、デフレ経済の今こそ、日本経済を救うためにも大規模な財政出動が必要である、と述べた。そして、こうした主張は、ケインズやミンスキーといった経済学者達が提唱するマクロ経済政策の理論にそったものであり、かつ世界的、歴史的な常識であると述べた。

しかし、これまでの歴史を振り返ると、こうした議論が、「デフレ下では、とにかく政府は財政出動をすればよいのであって、その内容なんて関係ない」という極端な議論に結びついていったのも確かだ。

小渕政権下での財政出動を巡る経済誌上での議論でも、しばしばそういう主張を目にしたことがあったし、ケインズもまた、「穴を掘って、また埋めるような仕事でも、失業手当を払うよりずっと景気対策に有効だ」という主旨の事を述べてもいる。

もちろん、こうした議論は、経済的な〝真理〟を明快に理解するためには、極めて正しいものではある。しかしながらやはり、「現実」の政策運営を考えるなら、そうした主張は、「あまりにも行きすぎた、極端な議論だ」と断ぜねばならない。

そもそも、筆者が、「ガンガン国債を発行して、ガンガン公共投資を行えばよい」と主張しているのは、現時点が「デフレ経済」という状況にあるからだ。

しかし、そうした財政出動が首尾よく成功すれば、そのうち経済は、デフレからインフレに転換する。

そうなったときに、間抜けにも国債発行を拡大し続ければ、(先にも指摘したように)長期金利が上昇し、国家財政はますます苦しいものとなろう。そして、インフレ下で公共投資を拡大し続ければ、さらなるインフレを招いてしまう(日本のバブル経済はそうやって異常拡大していったのだ)。

だから、日本経済がインフレ基調になった瞬間に、国債発行も公共投資も削減していけばよいのである。そして、公共事業の規模も、税収の範囲内に留めるようにすればよい。

要するに、大規模に国債発行を行い、公共投資を拡大していけるのは、デフレからインフレに変わるまでの「期間」に限定されているのである。

その一方で、本書で詳しく述べたように、我々の地域や都市、そして国のために、「必要」とされる公共事業は山のように存在している。

数千億円の予算を使って大型港湾をつくらなければ、日本経済は、国際競争の中で深刻なダメージを受けてしまう。数千億円から数兆円規模の予算でもって、自動車の流入を食い止めるための環状道路の建設や景観的に優れた街路を整備しなければ、それぞれの都市文化を守ることができなくなってしまう。そして、数千億円から数兆円、あるいは、数十兆円規模の財源の下、洪水や地震に対する本格的な対策を行わなければ、首都をはじめとする日本の多くの都市が、数十兆円から数百兆円規模の深刻なダメージを被ることとなる。

そう考えれば、日本政府は公共事業のために、中長期的に、数十兆円から数百兆円規模の財源を必要としているのだ。いわば、日本政府は、日本経済のプレイヤーの中で唯一、数十兆円から数百兆円という超大規模な「内需」を潜在的に抱えている、巨大な存在なのである。

だからこそ、今の日本政府に、ケインズが説明の便のために言及した「穴を掘ってまた埋める」ような無駄な公共事業などに貴重なオカネを使っている余裕など、一切ないのである。

繰り返しとなるが、公共投資を大規模に推進すれば、そのうち、デフレ経済は終わり、インフレ経済となる。そうなれば、大規模な公共事業が、マクロ経済的に必要なものではなくなる。

それまでの限られた期間と、その間に調達しうる限られた公共財源の範囲内で、本当に必要な公共事業を、一つでも多く、効率的に進めておかなければならない。そうすることで初めて、日本は、経済的、財政的な条件まで十二分に考慮に入れた公共事業政策を行うことができるようになるのである。

つまり、これまでバラバラに議論されてきたマクロ経済政策論と公共事業政策論を真の意味で融合させ、「日本を救うために真に必要な公共事業政策」を「日本経済を救うための効果的なマクロ経済政策」として、日本国家の最も重要な国策の一つと位置づけて推進していくことこそが、今、強く求められているのである。

9．公共事業が、日本を救う

行きすぎた「公共事業・不要論」

「もう、公共事業なんて要らない」

今の日本では、こんな意見が巷《ちまた》を席巻しているように思う。

実際、ほとんど使われない道路に、何億円、何十億円もかかったこともあっただろうし、もっと安くつくれたダムだってあっただろうと思う。不当な利益を上げる建設業者がいただろうと思うし、ろくに働きもしないくせに甘い汁をすってきた天下りの役人もいただろうと思う。

筆者は、そんな「公共事業批判」の全てを否定しようとは、毛頭考えていない。むしろ、そういう問題があるのなら、改善していくことは極めて重要な課題だと考えている。

しかし、だからといって、

「もう、公共事業なんて要らない」

とは、どう考えたって思えない。

誰も使わないような道路を仮につくってきたとするなら、これからは必要とされている道路をつくっていく道路政策の在り方を探ることの方が、道路をつくるのを「全て」やめてしまうよりも大切なことだと思う。

誰も使わないような「無駄」とも言われる道路があったとするなら、それを活用する手だてを考えることの方が（あるいは、一切そういう希望がないのなら、解体してしまうことの方が）、それをつくったことについての批判だけを繰り返すことよりももっと大切だと考えている。

不当な利益を上げていた建設業者や官僚がいたとするなら、「全て」の建設業者をつぶしたり、「全て」の官僚の権限を取り上げて行くことよりも、適正な建設業や官僚の在り方を探ることの方が大切だと思う。

しかし、昨今の世論をにぎわしている「公共事業・不要論」は、そんな「適正な批判の域」を完全に逸脱しているように思う。

道路やダムが必要だという論理やデータについてはほとんど誰も見向きもしない一方で、それが「要らない」という論理やデータならば、それに明らかな誤りが含まれていたとしても、テレビや新聞、雑誌や書籍の中で何度も紹介される。例えば、「可住地面積あたり」の道路面積が先進国の中で最も高いからといって「日本は道路王国だ、だから、もう道路なんて要らないんだ」といろんな本や雑誌で主張されているが、それがいかに不当な主張であるかは、本書冒頭で述べた通りである。あるいは、日本の公共事業の単価やその総額が、諸外国に比べて異様に高いということが繰り返し指摘されている一方で、条件を揃えて冷静に比較してみれば、必ずしもそうではないのである。

「もう、公共事業なんて要らない」という説は、嘘である

その一方で、わたしたちの暮らしをまもり、それを少しでも豊かなものにしていくためには、「道」や「港」や「ダム」などについての公共事業が必要とされているのは、否定しがたい事実である。

例えば、一頃から「脱ダム宣言」といったスローガンと共に、無駄の象徴の一つとして言われ続けてきたダムには、飲み水などのための「利水」、そして、洪水を防ぐ「治水」という深い意味がある。そして、例えば、マスコミを騒がせた八ッ場ダムについて言うなら、治水データをよくよく見れば、首都に何十兆円もの経済損失をもたらし得る大規模な洪水を防ぐための「一手」として、八ッ場ダムが重要な役割を担っていることは、間違いないことだろうと思う。

たった「数メートル」深い港をつくるためにも、数千億円という膨大な予算が必要とされる。しかし、そんな大規模な投資を怠れば、国際競争の中で、日本は後れを取ることになってしまう。そして、長距離の輸出入を直接行うことができなくなり、全ての輸出入品を、釜山をはじめとする「海外の大型港」で一旦、積み替えないといけなくなってしまう。そうなれば、港の使用料を「外国の大型港」の言うがままに吊り上げられてしまうかも知れない。そして、長い年月の間に、何十兆円もの巨大な経済的ダメージを被ってしまうかも知れない。

仮に万一、これ以上、道路もダムも港もつくれなくなってしまったとしても、今までつくってきたモノをメンテナンスしていくことは、好むと好まざるとにかかわらず、必要だ。中でも「橋」をきちんとメンテナンスしなければ、「落ちる」という最悪の事態を迎えてしまう。特に、今の日本の橋の多くは、高度成長期につくられたものであり、2010年頃からそれらの多くが「寿命」を迎え始める。だからこのまま放置しておけば、かつてのアメリカが経験したような「落橋の大事故」とそれに伴う「都市経済の混乱」が、色々な場所で起こってしまう、というような暗い近未来には、十分に現実味があるのである。

あるいは、歴史を振り返れば、ローマ帝国やドイツ、アメリカ、そして、「奇跡」の高度成長を遂げたかつての日本など、大きな国力を身につけた国はいずれも、その躍進の直前、あるいは、その躍進のただ中で「強力な高速交通ネットワーク」を国土に整備している。そしてまさに今、中国がその躍進のさなかにある。日本が戦後、何十年もかけてつくってきた高速道路と同じだけの長さを、「たった1年」でつくり上げる程の驚異的なスピードで、高速道路を整備し続けている。こうした社会のインフラが、中国の国力の増進に大きく寄与することは、歴史的に見ても、間違いないことであろうと思う（もちろん、中国の経済の先行きそのものは、不確実性をはらんではいるが）。そして、それを怠る日本が、これ以上の国力増進を見込めず、衰退していく近未来は、簡単に想像できてしまう。

そもそも日本企業ですら、タイや中国やインドやメキシコなどに、その生産拠点を移す傾向が、近年顕著になってきている。そしてそんな企業立地のグローバル化が、日本の地方都市の衰退に直結し、日本全体の国力を蝕んでいる。そうした日本の「空洞化」を避け、日本の国力の維持と増進を期するためにも、日本国内の道路建設を通した生産コストの縮減、大型港湾の整備を通した輸送コストの縮減は、是が非でも求められている。

しかも、公共事業はそんな「経済」や「安全」のためだけに必要とされているのではない。「都市の文化」を守るためには、都市間の流動を支える自動車交通の「都心部への流入」を食い止めるための、様々な公共投資が必要なのだ。都市周辺には環状道路と、大型の駐車場によって、外からのクルマを受け止めると共に、自動車交通から解放された「都心の道路空間」を歩道やLRT、広場に転換していくのである。そうした公共投資を軸としたまちづくりを大きく展開することではじめて、クルマの流入によって衰退した都心を再び活性化し、都市文化のさらなる発展を期することができるだろう。

ただし、日本全体の国力の維持にとって喫緊の重大な課題は、「巨大地震」への対策である。関東大震災を遥かに上回る100兆円以上とも言われる未曾有のダメージをもたらし得る直下型地震が、我が国の首都東京を襲う確率は、これからの30年以内で7割にも達している。あるいは、日本の大動脈、太平洋ベルトを直撃する東海地震は30年以内に約9割の確率で発生すると言われている。しかも、その東海地震は、四国から東海までの約600キロを全て直撃する「南海・東南海・東海地震」へと発展する危険性すら考えられている。

こうした地震が生ずれば、日本は200兆円という、これまで人類が経験したこともないような深刻なダメージを被りかねない。そうなれば、かつてリスボン大地震で陥没した18世紀の世界の大国、ポルトガルのように、日本もまた重なる巨大地震によって首都が壊滅し、21世紀中に世界史の中に陥没してしまうことすら、十分に想像できるのである。

こうした深刻な危機に対応するためにも、様々な橋や道路、鉄道、駅、港を含めたあらゆる公共施設の耐震補強を進めていくことが必要なのだ。あるいは、それと同時に、国家として生き延びていくためにも、首都移転の可能性を、改めて考え始めることが必要かもしれない。

首都移転といえば、平城遷都や平安遷都をはじめとした、国家にとっての最大の公共事業である――。

以上に述べた公共事業は、
・地震・洪水による深刻なダメージの回避と軽減
・日本の国際競争力の確保
・都市文化の再生
・国力の増進、そして
・国家の生き残り

といったそれぞれの意味で、いずれも重要なものであると、筆者は確信している。

もちろん、その具体的な事業展開にあたっては、一つ一つ丁寧に情報を集め、具体的なプランを立てていくことが不可欠であることは間違いない。その過程で、本書で紹介したデータや議論に見直しを加えていくことが必要となることもあるだろうと思う。しかし、ここで論じた公共事業の基本的な施策方針は、十分な理性を備えた者であるなら、誰が考えても大きくは変わらぬものに違いないと筆者は考えている。

つまり――、「もう、公共事業なんて要らない」なんていう説は、冷静に考えれば考えるほど、嘘としか言いようのないものなのである。

デフレの時こそ、大規模な公共事業を

折しも、今の日本は、深刻な「需要不足」による「デフレ経済」のまっただ中にいる。

つまり、皆がオカネをあまり使わなくなり（＝需要不足）、企業利益が低下してしまい、その結果、日本国民の賃金が低下してしまう、そうなるとさらに皆がオカネを使わなくなる、という「デフレ・スパイラル」に陥っている。そんなスパイラルの中で、この20年で失業率は2・5倍にもなってしまった。そして、世帯の平均所得は、そのピークを迎えていた90年代後半から、100万円以上も低下してしまった。

このままデフレが進行すれば、ますます倒産が増え、失業率が上昇し、平均所得が低下していってしまい、日本はどんどん、「貧しい国」へと陥没していってしまうこととなる。

本書では、巨大地震や大洪水などの「日本の危機」を指摘したが、このデフレという経済問題もまた、それらに匹敵するほどの重大な「日本の危機」なのである。

この経済危機から日本を救うにあたっての最大の敵は、「このまま政府が国債を発行し続ければ、日本の政府が破綻する」と、いたずらに国民の危機感をあおりつつ、かつての小泉首相が行い、そして、現在の民主党政権が推し進めようとしている「デフレ下での緊縮財政」の愚

を繰り返すことである。

ついては本書では、日本政府の国債は、国内の法人等が買う「内債」が大半を占めており、かつ、金利が未だに世界最低水準を維持し続けているという点を指摘し、それ故に、現状においては「政府が破綻する危険性なんて全く考えられない」という議論を改めて紹介した。そして、政府が国債に基づいて調達した財源を用いて、大規模な財政出動を行うことこそが、デフレから日本経済を救う、現実的に考えられうるほとんど唯一の手だてなのだという点を指摘した。

そして、そんな大規模な財政出動を行うにあたっては、経済効果の大きさの点からも雇用創出効果の点からも、総額で数十兆円から数百兆円にも上る財源を必要としている様々な公共事業は、極めて有望な「景気浮揚策＝内需拡大策＝デフレ対策」となり得るものであるという点を指摘した。

だからこそ、深刻な需要不足と、それに伴うデフレ経済に悩む今こそ、本当に必要な公共事業とは何かを真剣に議論しつつ、国債発行に基づく、大規模な公共事業を推進していくことが求められているのである。

もちろん、そうした景気浮揚策が功を奏し、内需がめでたく拡大し、それを通じて日本経済がインフレに向かい始めたときには、（増税の可能性を検討しながら）税収でまかなえる範囲内に、公共事業を縮小していかなければならない。[*62]

だからこそ、日本経済が、今のデフレからインフレに転換するまでの間、日本国と各地域、そして、一人一人の国民のために必要とされている公共事業を、一つでも多く、大規模に展開していくことが求められているのである。

日本がもつ「超巨大」な潜在的内需

ここで改めて、強調しておかなければならないのは、「デフレ時の経済対策」としては「デフレギャップを埋める財政出動ができるか否か」のみが主たる関心事となるのだとしても、それはあくまでも、経済対策という一面においての主張に過ぎない、という点だ。なぜなら、「公共事業政策」の立場から考えるなら、「必要な公共事業とは何かを考え、それらを一つでも多く展開する」ということこそが重要だからである。

繰り返しとなるが、「景気対策のための公共投資において重要なのは、需要を増やすという一点だ、だから、何をつくったって構わないし、コスト縮減なんて不要なのだ」という論調を耳にすることがしばしばある。

しかし、それは、現実の政策論としては「暴論」と言わざるを得ない。そういう議論は、本当に必要な公共事業がたくさん存在するという点について、無知に過ぎるのだ。せっかく大規模な財政出動をするのだったら、限られた一定の予算の中で役に立つものを一つでも多くつくるべきなのは、当然のことだ。

そもそも、日本の生き残りや文化の発展のために求められている公共事業には、デフレ問題の解消のために必要な数十兆円や百数十兆円という規模を遥かに上回る財源が必要だ。世界中すべての歴史ある国々を見ればいい。

彼らは皆、数百年、場合によっては数千年の長きにわたってインフラを整備し続け、未だにそれを止める気配を見せてはいない。その間に投資された金額を現在の貨幣価値に換算し、全て足し合わせれば、想像を絶する水準となる。それは、現在のデフレ対策のために必要な数十兆円程度などとは比べものにならないほどの巨大な金額なのだ。つまりマクロ経済的にいうなら、国家予算の何十年、何百年分にも相当する程の、「超巨大な潜在的な内需」が国土のためのインフラ部門にはあるのだ。

だからこそ、デフレ対策や内需拡大が求められる時代においてすら、適正な「コスト縮減」が重要なのであり、それを通して、なすべき無数の公共事業の中から、一つでも多くのものを進めていくことが求められているのである。

そうすることではじめて、我々は、防災的にも、そして、経済的にも「生き残る」ことができ、しかも、「文化」の点からも良質な国土と環境を、少しずつ整えていくことができるようになるのである。

公共事業が、日本を救う

経済不況から脱することができない中、様々な文化的頽廃と未曾有の水害や震災の危機に直面し続けている日本——、そんな今の日本だからこそ、「マクロ経済政策」としての意味合いも十二分に含めた「公共事業」の大規模な展開が、強く求められている。

それにもかかわらず、公共事業やマクロ経済についての誤った議論や、根拠のない先入観でもって、そんな公共事業の展開が阻まれてしまうのなら、日本は、この先二度と立ち直れない程の深刻な傷を、負ってしまうかもしれない——。

これが決して大げさな表現でないことは、ここまで本書をお読みになった読者の皆様なら、十分にご理解いただけるのではないかと思う。

事実、今、日本の至るところが、表現しがたい深い「不安感」に充ち満ちているように感じているのは、決して筆者だけではないだろう。

このままデフレ経済が続き、所得はますます低くなり、企業の倒産が続き、失業率はまだまだ高くなるのではないか——、その結果、GDP世界第2位の地位を中国に明け渡した日本は、経済的にも文化的にも、ますます下り坂を転がり落ちていくのではないか——。そのうち、巨大地震が来て、日本の社会は滅茶苦茶になってしまうのではないか——。

こうした不安は、実は、一面において正しい。しかし、そんな不安が現実のものとなるのは、あくまでも「来るべき危機に対して目をつぶり、耳をふさいで、見て見ぬふりをしながら、何もしないのならば」、という前提においてのみなのだ。

そうした危機を一つ一つしっかりと見据えつつ、そのために必要な公共事業を力強く展開していくのなら、そんな不安など全て消え失せてしまうだろう。

公共事業が、日本を救う。

不況にあえぎ、未曾有の災害の影におびえる今、日本において何よりも求められているのは、政治家や官僚、そして一人でも多くの国民が、この一点を深く理解することなのである。

注

＊1（P17）―五十嵐敬喜・小川明雄『道路をどうするか』岩波新書、2008年。

＊2（P19）―容易にご理解いただけるかと思うが、韓国と欧米諸国とは置かれた状況が異なる。欧米は長い近代化の歴史の中でインフラを蓄積してきた一方で、今まさに発展しようとしている韓国では必要とされる公共事業が多くなることは間違いないからである。もしも、日本についてもそう考えるのなら、仮に図1が正しいとしてもそれをもってして公共事業を削減すべきとは必ずしも主張できないはずだろう。ただし、まさにその点を様々な観点から考えていこうとするのが本書の目的であるから、この点については本書全体を通じてご判断いただければと思う。

＊3（P21）―服部圭郎『道路整備事業の大罪』洋泉社、2009年。

＊4（P24）―ちなみに、この「週刊ダイヤモンド」の記事では、「可住地面積あたりの道路投資額」の国際比較が掲載され、諸外国よりも異様に高い、と議論されているのだが、これもまた、全くナンセンスな主張なのである。

＊5（P26）―しかも、道路技術者の間ではしばしば指摘されていることなのだが、日本ほど真面目に細い道路も含めた全ての道路を統計化している国は、他にないらしい。この点を考えれば、実際には日本の自動車保有台数あたりの道路延長は、他の国々よりももっと短いと予想されるのだ。

＊6（P28）―松下文洋『道路の経済学』講談社現代新書、2005年。

＊7（P29）―国土交通省『我が国における公共工事コスト構造の特徴』（平成13年8月21日、記者発表資料）
http://www.mlit.go.jp/tec/cost/cost/130821/tokutyo.pdf

＊8(P29)―レポートの中ではまず、一般的なマスコミ等での論調と同様に、「日本の高速道路建設コストは、アメリカの2・6倍」であることが報告されている。1キロの道路を作るのに、日本では約50億円かかるのに、アメリカでは約19億円ですむ、ということらしい。
　ここで、「もしもアメリカと同じ条件で、日本の業者が道路をつくったら」という計算を行ったところ、日本の高速道路1キロあたりの建設費は、先に述べた約50億円から、23・3億円へと半分以下になるということが報告されている。こうなると、アメリカでの建設費（19・1億円）とそれほど変わらない水準となる。なお「アメリカと同じ条件」とは、「用地買収費が同じ」「トンネルや橋の数が同じ」「地震対策が同程度」という3条件である。

　確かに、日本の土地代は米国のそれよりも高いことは間違いないだろうし、アメリカよりも日本の方が圧倒的に地震が多く、その対策にも費用がかかることは確かであろう。そして何より、山あり谷ありの国土を持つ日本では、トンネルや橋が圧倒的に多い。事実、日本では、高速道路の約3分の1が橋やトンネルである一方で、アメリカでは6・6％にしか過ぎない。こうしたことから、このレポートでは、日本の建設費が高いのは、トンネルや橋が多く、用地買収費が高く、かつ、地震対策費用が必要だからである、と述べられている。
＊9(P37)―森田実『公共事業必要論』日本評論社、2004年。
＊10(P45)―今の日本では、いわゆる「都市部」に、人口の実に8割が暮らしている。
＊11(P61)―「フライデー」2010年1月29日号、P70～73。
＊12(P63)―Pat Choate & Susan Walter 著・社会資本研究会訳『荒廃するアメリカ』開発問題研究所、19

82年。

＊13（P66）―「平成20年度道路構造物に関する基本データ集」（国土技術政策総合研究所資料第545号）より。

＊14（P69）―日経コンストラクション「ケンプラッツ・土木」http://kenplatz.nikkeibp.co.jp/article/const/news/20091221/538052/

＊15（P82）―もちろん、この計算は極めて大雑把なものである。そもそも、日本とアメリカとでは、様々な気候風土の違いによって、必要とされるメンテナンス費用も異なる。モンスーン気候の日本は腐食がより早く進行する可能性も考えられるし、地震に対する強度を高めるためにもアメリカよりも丁寧な補修が必要である可能性も考えられる。さらに、アメリカではそれだけの予算をかけながら、欠陥橋が未だ3割程度残されている。これらの点を考えるなら、日本では年間2兆円の予算があったとしても決して十分ではないことも考えられる。

＊16（P84）―コンテナというのは、貿易の時に使う輸送用の大きな「箱」のこと。

＊17（P93）―黒田勝彦・家田仁・山根隆行『変貌するアジアの交通・物流』技報堂出版、2010年。および、柴崎隆一「岐路に立つ東アジアの港湾――インフラ開発競争後のパラダイム」「運輸と経済」70（3）、P12～22、2010年。

＊18（P96）―1949年12月16日の連合国軍最高司令官総司令部発SCAPIN7009-A。詳細は、木村琢麿『港湾の法理論と実際』（成山堂書店、2008年）を参照されたい。

＊19（P98）―櫻井敬子「地方分権という美名の陰で」「ウェッジ」2010年1月号、P30～33。

＊20（P100）―こういう関係は、本書の別の箇所でも述べる（＊41）が、いわゆるゲーム理論で定義することが

できる「社会的ジレンマ」と呼ばれる社会状況である。詳しくは、拙著『なぜ正直者は得をするのか』（幻冬舎新書、２００９年）をご覧いただきたい。

＊21（Ｐ110）―この辺りの議論は、虫明功臣東京大学名誉教授の議論を参照させていただいた。詳細は、「利根川流域の治水・利水と八ッ場ダム問題――科学技術の立場から」（土木学会トークサロン、２０１０年2月24日より。http://committees.jsce.or.jp/kikaku/talk_log）を参照されたい。

＊22（Ｐ111）―そして実際、埼玉県は八ッ場ダムによって供給される水を利用する権利を「暫定水利権」という形で、他都県よりも格段に多く前倒しで購入している。ただし、それはあくまでも「暫定」のものであるから、雨が少ない時期に渇水が起きる場合には、現状ではいち早く制限される状況となっており、あくまでも不安定な水利権でしかない。こうした背景から、特に埼玉県は、この「暫定水利権」を、安定的に水を確保できる正式な「水利権」とするためにも、八ッ場ダムの建設を強く望んでいるのである。同様に、既に現時点でも東京都、千葉県、群馬県、茨城県は、八ッ場ダムによって供給されるであろう水についての暫定水利権を取得しており、程度の差こそあれ、埼玉県と同様に、八ッ場ダムの建設を待ち望んでいるのである。

＊23（Ｐ115）―「計画高水位」という、治水計画を検討する際に想定される水位。

＊24（Ｐ117）―『利根川だより9』（国土交通省利根川上流河川事務所第１３０号２００９年9月１日発行）

＊25（Ｐ117）―国土交通省関東地方整備局荒川下流河川事務所
http://www.ktr.mlit.go.jp/arage/learn/dictionary/20100315-18.html

＊26（Ｐ117）―内閣府（防災担当）：「荒川の洪水氾濫時の死者数・孤立者数等の公表について」平成20年９月８

日

＊27（P118）―社団法人日本河川協会『河川事業概要２００７』

＊28（P120）―現在、http://yamba-net.org/modules/news/index.php?page=article&storyid=655にて閲覧可能である。

＊29（P122）―平成二十年六月六日受領、答弁第四三二号「衆議院議員石関貴史君提出八ッ場ダム問題に関する質問に対する答弁書」。

＊30（P123）―埼玉県知事への手紙では、「平成13年の台風15号」のときを想定しても八ッ場ダムの治水効果は小さいではないか、ということも指摘されている。この件を本文で記載するとさらにややこしくなるので、ここで示すだけにするが、この台風15号では、カスリーン台風よりかなり少ない降雨量しかなかったため、そもそも利根川の流量が小さかったことが、国交省の利根川上流河川事務所の客観的な記録（http://www.ktr.mlit.go.jp/tonejo/saigai/joho/2001/010910index.htm）にも残されている。

＊31（P127）―もちろん、その方が、ギルバート・チェスタトンが『正統とは何か』（１９０８年刊、春秋社１９９５年出版）にて「狂人」と定義した「理性以外の全てをなくした人」でない限りは、という条件付きであるが。

＊32（P128）―いずれも、社団法人日本河川協会『河川事業概要２００７』より。

＊33（P129）―国土交通省の中には、未だ首都機能移転企画課が存在している。一部の国家官僚機構の中にだけ、そういう危機感が残されているのであるが、それもいつまで、仕分けられずに残存できるのかは

分からない。

＊34（P132）―もちろん、だからといって、自動車に完全に頼るべきかどうかは、また別の議論である。どんな地域でも、一定の公共交通が必要だ。ただそのバランスが人口規模によって異なっている、というだけの話である。

＊35（P133）―いやむしろ、本来的にいうなら、話の順序が逆なのである。現代の日本の工業や商業、そして様々な地域の人々の暮らしを支えるためには、「都市間の自動車交通」は、どうしても必要とされている。しかし、その自動車が都心部にまで進入してきてしまったから、都市の魅力が大きく低下してしまった。だから、自動車交通を食い止めるために、第2章で述べたような、「自動車を排除するための公共事業」が様々に求められてきたのである。つまり、都市において自動車を「排除」しなければならなかったのは、逆に全ての都市と地域が「自動車を必要としていたから」なのである。だから、過度に自動車を使い過ぎたことをいくばくか緩和するための措置として、「自動車を排除する論理」が必要とされたのである。

＊36（P134）―http://www.mlit.go.jp/road/sisaku/dorogyousei/4.pdf

＊37（P135）―混雑していない状況と渋滞状況との間の自動車の所要時間の差を「渋滞遅れ時間」と定義する一方、その値を全国で、かつ1年間で集計する。さらに、1時間当たりの遅れ時間の「時間価値」を別途想定し、「渋滞遅れ時間」との積を求める、という段取りを経ると、渋滞による経済損失が算定されることになる。

＊38（P139）―ここでの議論は相当単純化したものだが、渋滞の市場なるものを想定し、それが他の市場も含め

て均衡しているのなら、こうした支払い額の総計で、渋滞の損失額を算定することができる。

＊39（P142）―出典：道路交通センサス（日本：高規格幹線道路・都市高速道路）、Highway Statistics（アメリカ：Interstate）、Transport Statistics Great Britain（イギリス：Motorway）、Fact and Figures, SARATLAS（フランス：Autoroute）、韓国国土交通海事省統計・2008道路（韓国：Expressway）。

＊40（P158）―経済と国（ネイション）との関係は、主流派の経済学や、その枠内での理論化を偏重するような土木計画学ではほとんど顧慮されることはなかったが、ヒュームやスミスなどに始まる伝統的経済学では中心的課題として位置づけられてきている。そのあたりの詳細は、中野剛志氏が『国力論――経済ナショナリズムの系譜』（以文社、2008年）の中で豊富な文献を基に詳しく論じているので、そちらを参照されたい。

＊41（P162）―この構造は「人々が協力的に振る舞えば、集団全体が豊かになる一方で、利己的に振る舞えば結局は集団全体の利得が低下し、まわりまわって全員が損をしてしまう」というものであり、一般に「社会的ジレンマ」と呼ばれている。都市や国の問題は、常に社会的ジレンマ構造を胎《はら》んでいるのであり、都市や地域の繁栄を考える場合には、この構造を常に念頭に置く必要がある。詳細は、拙著『なぜ正直者は得をするのか』（幻冬舎新書、2009年）を参照されたい。

＊42（P166）―太平洋プレート、北米プレート、ユーラシアプレート、フィリピン海プレート。

＊43（P166）―こうしたプレート同士の「境目」の周辺では、互いにプレートが押し合う力が及ぶため、様々な場所に「ひび割れ」（断層）ができてしまう。このひび割れもまた、時折一気に、「バネ」の様に

弾けることとなる。このタイプの地震は「内陸地殻内地震」と呼ばれ、本文で述べた「プレート間地震」としばしば区別される。例えば、阪神淡路大震災は、このタイプの地震である。

＊44（P168）—南関東（東京都周辺）では、二、三百年に一度、マグニチュード8クラスの大地震が起こることが知られている。1923年に起こった関東大震災はそのうちの一つである。ここで想定されている「首都直下型地震」の規模は、マグニチュード7程度である。これは、1923年の関東大震災よりは一回り小さい。この規模の地震は、上述のマグニチュード8クラスの地震が二、三百年に一度起こる間に、2、3回程度起こる。つまり、ここで紹介する首都直下型地震は、関東大震災級の地震よりも頻繁に起こる地震のことなのである。

＊45（P169）—豊田利久・広島修道大教授、田中泰雄・神戸大都市安全研究センター教授らの試算による。

＊46（P169）—この被害とは、建物などが受ける直接的な被害が約6割（66・6兆円）で、人的被害や首都の経済中枢機能の支障等による間接的な被害が約4割（45・2兆円）である。

＊47（P174）—http://www.j-shis.bosai.go.jp/

＊48（P174）—坂本功は『木造建築を見直す』（岩波新書、2000年）という著書で、「（阪神淡路大震災における）死亡者のうち5000人近くは、軸組構法の住宅の下敷きによって圧死した」と述べている。

＊49（P175）—中央防災会議では、個別の地震毎に検討されており、この合計値200兆円についての検討は明示的にはなされていない。しかし、中央防災会議のそれぞれの検討結果を勘案するとこうした算定が可能であり、例えばNHKスペシャル「MEGAQUAKE 巨大地震 第3回 巨大都市《メガシティ》を未知の揺れが襲う 長周期地震動の脅威」（2010年3月7日放送）にて、この数値が報告されてい

る。

＊50（P177）―なお、この削減であるが、「高校授業料無償化」のための文部関連予算が必要とされるために決定された、ということらしい。つまり、この決定は、高校生の授業料を安くするために、2800棟にも上る小中学校に通う生徒達を地震による倒壊の危機にさらすことにした、という判断だと解釈することもできよう。

＊51（P185）―公共事業に対する否定的な立場の『道路をどうするか』（五十嵐敬喜・小川明雄、岩波新書、2008年）等はもちろんのこと、比較的公共事業に対して中立的な立場の議論も展開されている『道路の経済学』（松下文洋、講談社現代新書、2005年）、『公共事業：必要と無駄の境界線』（川口和英、ぎょうせい、2009年）、あるいは公共経済学の専門家による著書『公共事業の正しい考え方』（井堀利宏、中公新書、2001年）においても、ここで紹介したマスコミ等の論調と同様に、国債の累積債務の問題故に、公共事業は削減していくべきと主張されている。ただし、こうした「主張」は、例えば清水俊裕氏が『財政赤字の経済分析をめぐって』〈財〉三菱経済研究所、2002年）にて示唆しているように、国債について積み重ねられてきた経済学的議論を慎重に踏襲したものとは、言い難いように思える。なぜなら、そうした「主張」はいずれも、現実に今の日本でみられる「不完全雇用」の存在を明確には想定してはいないからである。

＊52（P196）―こうしたナンセンスな物言いに、万に一つでも意味があるとするなら「緊縮財政を正当化するために、いたずらに国民を不安に陥れたい」という「意図」を完遂させる、という意味しか思い当たらないように思える。しかし残念ながら、財務省が3カ月に一度、この数値を公表する度に、

そんな「意図」通りに、マスコミや国民、さらには、学者までもが「このままでは国が破綻する、国の財政の締め付け、緊縮財政が必要だ！」と踊らされているという構図は、誠にもって情けない限りである。

＊53（P199）―むしろ、リーマンショック後、ドルもユーロもその値を下げた一方で、円だけがその値を上げたのが実態であり、この点からも、日本が通貨危機からは縁遠い存在である、ということが分かる。

＊54（P204）―これに関連して、世論やマスコミの中に、「今の日本経済は不況だ。だから、政府も無駄遣いを止めて、借金を減らしていかないといけない」という短絡的な論調があるように思う。しかし、本文で述べるように、こういう「民間の経済不況」だからこそ、「政府が借金をしてでも、民間の経済を支える」ということが必要なのである。

＊55（P207）―この議論の詳細については、例えば、『民主党政権で日本経済が危ない！本当の理由』（三橋貴明著、アスコム、2009年）等を参照されたい。

＊56（P207）―今現在、デフレを解消するために、現在の預金超過額142兆円を全て借り上げて使い切る必要があるかどうかは分からない。そこまでの金額でなくても、例えば数十兆円を借り上げてそれを使い切るだけで、デフレ経済から脱却できる可能性も考えられる。なぜなら、デフレ傾向が緩和されれば、企業の投資意欲が増加し、世帯の貯金傾向も低下し、この預金超過額が自発的に減少していくこととなるからである。

＊57（P214）―このあたりのより厳密な分析は、例えば、宍戸駿太郎・筑波大学名誉教授が開発したマクロ計量モデルや、それを拡張した樋野誠一・門間俊幸・毛利雄一氏らのモデルを活用することで、定量

的に分析することができるだろう。

＊58（P216）―この意味において、バブル経済が崩壊した時点で大量の公債を発行した小渕政権や、リーマンショック後に20兆円近くもの補正予算を組んだ麻生政権は、正当な判断をしたものと評価できるのである。ところが、同じくデフレ下の平成22年度に44兆円の公債を発行した民主党政権については、楽観的な評価を下すことはできない。なぜなら、民主党政権は、麻生政権や小渕政権のように不況対策のために「臨時」に財政出動をしたのではなく、マニフェストに書かれた子ども手当や高速道路無料化といった「定常的な施策」のための「財源確保」を目途として、大量の公債発行を行ったからである（こういう公債発行は、ギリシャ政府の振る舞いと全く同じだ）。定常的な財源のために常に公債を発行するというのなら、それは、デフレであろうがなかろうが公債を発行するということであり、「インフレ時」においても公債を発行するということである。そうなれば、本文で述べたように、インフレになった将来に、政府が破綻してしまうことが現実的に考えられることとなってしまう。何とも恐ろしいことである。民主党政権には、マクロ経済に配慮した財政運営の基礎を、一日も早く理解されることを切に望みたい。

＊59（P220）―さらにこうした議論に引き続いて、「グローバリゼーションが進めば、財政出動の効果は低下する、それ故、金融政策が必要となる」と論じられることもある。この主張における「グローバリゼーションが進めば、財政出動の効果は低下する」という部分は正当な主張だ。なぜなら、日本政府の財政出動によって家計の所得が増加しても、各家計が輸入品ばかりを購入すれば、外国の内需が拡大するだけで、日本の内需拡大効果は限られるからだ（だからアメリカのオバマ大統領は、

リーマンショック後の大規模財政出動の際に「バイ・アメリカン」〈アメリカ製品を買え〉の運動を呼びかけたのだ)。とはいえ、各家計は日本の製品・サービスを消費することも間違いないのだから、財政出動効果がゼロとはならない。そして、ゼロ金利政策下では、金融政策によってデフレを食い止めることはできない(強いて言えば、預金に課税する等で〝マイナス金利策〟を採用するという方法もあるが、世論にこれが認められるようになるまで、どれだけかかるのか想像もできない)。だから現実的には、グローバリゼーション下で財政出動効果が低下する傾向があっても、デフレ脱却のためには財政政策に頼らざるを得ないのである。それ故、財政政策を図るのなら、その有効性を高めるためにも、アメリカの「バイ・アメリカン運動」と同様の方針を採用することが望ましいのである。詳しくは、『恐慌の黙示録』(中野剛志)を参照されたい。

＊60(P221)—厳密にいうと、この「波及の効果」には、実質的な波及効果と、単なるキャッシュフローに起因する乗数効果の二種類があるのだが、ここでは、紙数の都合上、その両者を纏めて記載している。

＊61(P223)—つまり、例えば吉川洋氏が議論しているような「クラウディング・イン」(民需創出)を誘発するような事業である。

＊62(P238)—ただし、インフレ期には税収も増加するのだから、インフレ期においても、公共事業のための財源が干上がるようなことはないだろう。

あとがき

読者各位は、国際政治上の危険要因を分析している米コンサルティング会社ユーラシア・グループが2010年1月に発表した「世界の10大リスク」をご存じだろうか。

彼らは、2010年の国際政治上の10大リスクの「第5位」に、なんと我が国の「鳩山政権」を挙げたのだった。つまり彼らは「鳩山政権」を、気候変動（第6位）やインド・パキスタンの緊張（第8位）よりも〝恐ろしいリスク〟と認定したのである。

彼らはその原因として「官界と産業界の影響力を小さくしようとする鳩山政権の政策」が、世界的に見て高い危険要因になっていることを指摘した。ここで、鳩山政権が行った最大の予算削減が公共事業関係費であった点を踏まえれば、この公共事業の縮減こそが「鳩山政権リスク」の最大因なのだと言うこともできよう。

本書は、そうした公共事業の縮減が日本に深刻なダメージを及ぼすに違いないのだと警告するものだった。しかし、その問題は今や我が国一国に留まるものなのではなく、世界的な政治経済問題ですらあったのだ。

さらに恐ろしいのは、当時のマスコミ各社が、我々日本にとってこんなに衝撃的な分析結果を驚くほど小さくにしか扱わなかった、という事実である——恐らくはそれが現在の日本の実情なのであり、そういう風潮に今の日本が覆われているということなのだろうと思う。だからそんな風潮に本書が何らかの影響を及ぼしうるか否かについては、全く楽観できぬと言わねばならない。しかし、少なくともここまでお読みいただいた読者各位なら、公共事業の問題は重大な国家的課題なのだという一点についてはご理解いただけたのではないかと思う。もしも公共事業を巡る日本の風潮が変わり得ることがあるとするなら、そんな至極当然の国民の理解こそが全ての契機となるに違いない。

——筆者が公共事業を巡るあまりにも不条理な議論を目の当たりにしたことを契機に本書の出版を思い立って以来、たくさんの方々の協力を得た。企画段階から色々とご相談させていただいた毛利千香志氏（毛利編集事務所）、経済政策を中心に様々に議論させていただいた藤井研究室の中野剛志助教（元経済産業省）、出版にあたって様々なご尽力を頂いた文藝春秋の飯窪成幸氏と石原修治氏、その他ここに記しきれない数多くの方々と、いつも筆者を支えてくれる我が家族に改めて深謝の意を表して、本書を終えることとしたい。

ありがとうございました。

平成22年9月　紫野の自宅にて　藤井　聡

藤井 聡（ふじい さとし）
1968年奈良県生まれ。京都大学土木工学科卒、同大学院土木工学専攻修了後、同大学助手、助教授、東京工業大学助教授、教授を経て、09年より京都大学教授。専門は土木計画学、交通工学、公共政策のための心理学。03年土木学会論文賞、05年日本行動計量学会林知己夫賞、06年「表現者」奨励賞、07年文部科学大臣表彰・若手科学者賞、09年日本社会心理学会奨励論文賞、09年日本学術振興会賞等を受賞。著書に『なぜ正直者は得をするのか』、『社会的ジレンマの処方箋――都市・交通・環境問題のための心理学』、『列島強靱化論――日本復活5カ年計画』等。

文春新書

779

公共事業《こうきょうじぎょう》が日本《にほん》を救《すく》う

2010年（平成22年）10月20日　第1刷発行
2012年（平成24年）10月1日　第12刷発行

著　者　藤井　聡
発行者　飯窪成幸
発行所　株式会社 文藝春秋

〒102-8008　東京都千代田区紀尾井町3-23
電話（03）3265-1211（代表）

印刷所　大日本印刷
製本所　矢嶋製本

定価はカバーに表示してあります。
万一、落丁・乱丁の場合は小社製作部宛お送り下さい。
送料小社負担でお取替え致します。

ISBN978-4-16-660779-2